從基礎開始掌握娃娃服裝打版

服裝打版師 善英的
娃娃服裝打版課

俞善英　著

充滿各種好穿搭的基本單品及獨具一格的配件！
現任服裝打版師傳授的**娃娃服裝**打版基礎及應用

收錄原型
繪製過程
及 30 個作品
原尺寸紙型

DOLLS
CLOTHING MAKE

關於本書

1. 本書收錄的服裝版型是以16英吋（約40cm）的娃娃為基準所製作。必須依照不同的娃娃調整長度和圍長。如果您的娃娃是其他尺寸，請參考第30～33頁，直接製作原型再進行應用。

2. 全部的製作過程皆可使用手縫和縫紉機來進行。

3. 收錄在版型上的尺寸數值中，未標示單位的數字皆是以公分（cm）為基準。例如標示成0.5就是代表0.5cm。

4. 本書收錄的30種版型皆為活用原型的代表性範例。版型製圖並沒有所謂的正確答案，請構思出想要的設計並隨心所欲地活用原型，創造出專屬於自己的風格吧！

5. 本書收錄的30個單品，全都是可多層次搭配或很好穿搭。挑選喜歡的上衣和下著來製作，搭配出只屬於自己的風格。

6. 有關打版或裁縫專有名詞、慣用語句或統一性很重要的詞語，為了提高讀者的理解度，會用大多數人使用的形式來取代既有的標記法。

從基礎開始掌握娃娃服裝打版＆裁縫教科書

服裝打版師 善英的
娃娃服裝打版課

俞善英 著

穿上衣服並做裝飾是娃娃所帶來的快樂，
用可愛的衣服和配件
體驗更多不一樣的感受吧！

喜愛娃娃的各位，你們好！

我是完全沉浸在娃娃服裝裡的服裝打版師善英。

雖然單純只是因為喜歡娃娃而製作衣服，

沒想到我竟然能將這些內容集結成書，心裡感到欣慰卻也覺得有點害羞。

我認為一件衣服到完成前的過程中，

最困難的階段就是打版。

因為版型製圖是將二次元的圖案表現成三次元的第一個階段，

換句話說，就是將想像中不著邊際的設計轉化為實際的過程。

所以能喜愛這件事情這麼久，一直喜愛到現在。

由於製作娃娃的衣服就等於是從原型開始進行，

所以直到深夜都還在疏縫、修正後再重新疏縫……，

就跟做人類的衣服一樣耗費精神呢！

在我還不懂打版的時候，我也總是有著想要照樣做出漂亮衣服的慾望，

明明在想像中是很好看的衣服，

著手製作之後，卻無法呈現出想要的設計，常常因此感覺很受傷。

回想當時的心情並一點一點地在部落格上發表製作娃娃服裝的貼文直到現在，

想和有著相同興趣的人直接交流並提供幫助。

雖然不是有誰指使我去做的事情，每當分享我那小小的知識時，

不僅是從許多人那裡收到感謝，還讓我能夠像這樣出書，

也算是我這個「御宅族」的成功了！

「只不過想要做一件娃娃的衣服，這樣也要會打版才行嗎？」可能也會有這樣的想法，

確實是沒有必要詳細地學會打版的所有事情。

但是，要知道需要有打版的基礎，才能直接親手做出想要的衣服款式！

只要是喜歡娃娃的人，不管是誰都會有想要裝飾出「只屬於我的娃娃」的浪漫，

不是嗎？

服裝打版課程將會幫助你朝這個浪漫更靠近一步。

從開始製作娃娃服裝到編寫書本，這當中真的有過很多的事情，

不僅是換了工作，還搬了新家。

但是其中最棒的事情就是同時經歷了編寫書本跟懷孕生子的過程。

在必須要製作新生兒肚衣作為胎教的時期，對於還在跟娃娃服裝打交道的我，

沒有任何怨言並且在身邊給予支持鼓勵的老公，

以及健康出生的小可愛，我要向你們獻上這本書。

服裝打版設計師 善英

開始繪製
版型之前

CHAPTER **1**

BASIC
LESSON

奠定打版
基本技法

裙子

褲子

PART 3

上衣打版的基礎 : 65

領子

BASIC 領子
: 66

1 立領
: 68

2 平翻領
: 70

3 襯衫領
: 74

4 蝴蝶結領
: 78

5 連帽領
: 80

袖子

BASIC 袖子
: 86

1 無袖
: 88

2 公主袖
: 89

3 蝙蝠袖
: 94

4 落肩袖
: 98

5 連肩袖
: 103

CHAPTER 2

STEP UP LESSON

實戰！打版作業

連身洋裝

1 水手連身洋裝
：161

2 低腰連身洋裝
：165

3 長洋裝
：169

4 吊帶連身裙
：173

5 立領連身洋裝
：176

外套
&
大衣

1 單寧外套
：180

2 單排釦外套
：185

3 雨衣
：190

4 連肩大衣
：193

5 風衣外套
：197

配件

1 襪子
：202

2 斜背包
：204

3 綁帶軟帽
：206

4 圍裙
：208

原尺寸紙型：210

READY

開始繪製
版型之前

製作娃娃服裝的必備物品

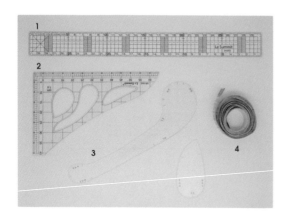

1 方格定規尺 縱橫皆有方格的直尺，用於畫平行線、直角線、縫份線等。

2 三角尺（縮尺） 當作中間有圖案的三角尺使用，也可用來代替雲型尺。

3 雲形尺 畫頸圍、袖襱等各種版型的曲線使用。

4 捲尺 測量版型的曲線長度或娃娃的身體尺寸使用。

5 裁布剪刀 裁剪布料的剪刀。不要用來剪紙才能長久使用。

6 文具剪刀 裁剪版型的剪刀。

7 紗線剪 裁剪線或拆掉回針縫縫錯的部分使用。

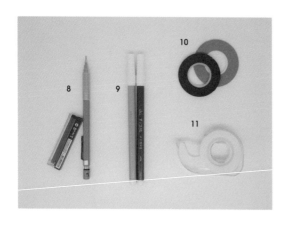

8 自動鉛筆 製圖專用的自動鉛筆。請使用0.5mm（HB、H）筆芯。

9 水消筆 將版型畫在布料上使用。沾水或加熱的話就會消失，相當好用。

10 貼線膠帶 製作娃娃原型或要在疏縫的布料上面畫線使用。

11 隱形膠帶 因為膠帶上面可以寫字，畫版型或修正非常有用。

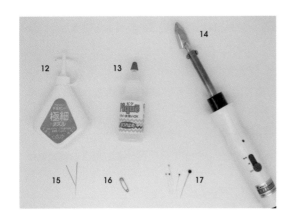

12 布用強力膠 將布料作臨時固定或代替簡單的縫紉使用。

13 防綻液 防止布料邊角散開脫線，可取代收邊。

14 細部整燙器 將娃娃服裝的縫份分開或整燙時很好用。

15 手縫針 手縫時使用。依照不同的布料厚度更換不同號數使用。

16 別針 使鬆緊帶或線繩穿過去時使用。

17 珠針 在回針縫之前作為臨時固定用。

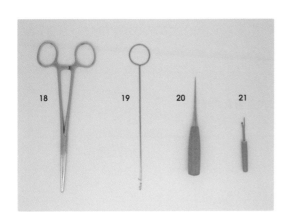

18 反裡鉗 縫製好的布料寬度或深度很難用手翻面時使用。

19 反裡針 將細線繩翻面使用。勾住尾端再往外翻即可。

20 錐子 縫邊時用於按壓布料或衣服翻面之後用來整理邊角。

21 拆線器 將回針縫縫錯的線拆除。

娃娃服裝版型製圖上使用的縮寫

F(front)	前片	WL(waist line)	腰圍線
B(back)	後片	BL(bust line)	胸圍線
CF(center front)	前片中心線	HL(hip line)	臀圍線
CB(center back)	後片中心線	SNP(side neck point)	側頸點
SS(side seam)	側縫	SP(shoulder point)	肩點

娃娃服裝版型製圖上使用的符號

1	直布紋	↕	布料的縱向。如果朝直線方向剪裁的話，衣服就無法好好地拉伸。
2	斜布紋	✕	布料的45度方向。如果順著這方向剪裁的話，衣服就能順利地往四方拉伸。
3	對摺線	)ꓸ	布料的摺線。版型左右對稱時只要畫一半並畫出中間的對摺線。
4	褶	→⫫ ⫫← →⫫←	摺痕。根據不同的摺疊方向有不同的符號。斜線上方的側邊是要朝外的部分。
5	尖褶	◇	為了突顯出立體感，消除並摺起來不必要的地方，且標示出要縫製的位置。
6	重疊交叉	✕	製圖時使用在重疊的部位。
7	等分	⌢⌢	用來標示分成相同長度的線。
8	直角	⌐	製圖時用在標示直角。
9	拉伸	⌣	用在布料需要拉伸的縫紉部位。
10	縮縫（細褶）	∿	用在標示袖子的縮縫或細褶處。

FASHION

LOOK BOOK

HOW TO MAKE

低腰連身洋裝 p.165

HOW TO MAKE

襯衫　p.146
單排釦外套　p.185
網球裙　p.113

HOW TO MAKE

娃娃領襯衫　p.157
斜背包　p.204

HOW TO MAKE

連肩 T 恤 p.134

HOW TO MAKE

立領連身洋裝 p.176

HOW TO MAKE

HOW TO MAKE

娃娃領襯衫 p.157
西裝背心 p.140
打褶裙 p.111

HOW TO MAKE

落肩休閒上衣 p.137
緊身牛仔褲 p.123

HOW TO MAKE

單寧外套 p.180

HOW TO MAKE

襪子 p.202

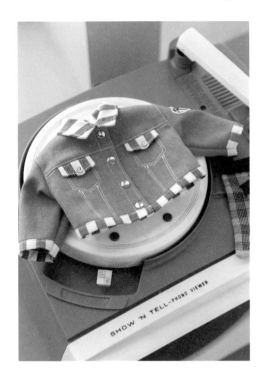

HOW TO MAKE

打褶寬袖罩衫 p.143
燈籠褲 p.121
低腰連身洋裝 p.165

CHAPTER 1

BASIC
LESSON

奠定打版
基本技法

PART 1
—
製作原型
〔上衣・褲子・袖子〕

準備物品 保鮮膜、透明膠帶、貼線膠帶

：製作原型

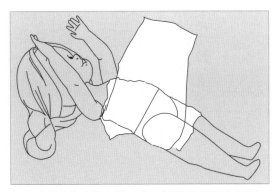

<u>1</u>　將娃娃的身體、腳、手，分別用保鮮膜包覆好。繞個兩、三次，直到沒有縫隙為止，並用透明膠帶再包覆一次作為固定。

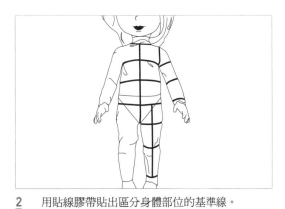

<u>2</u>　用貼線膠帶貼出區分身體部位的基準線。

長度基準線－前片中心、後片中心、褲管中心、袖管中心、側縫
身圍基準線－脖子、胸部、腰（肚子）、臀部、大腿、膝蓋、
腳踝、腋下、手臂、手肘、手腕

原型基準線位置

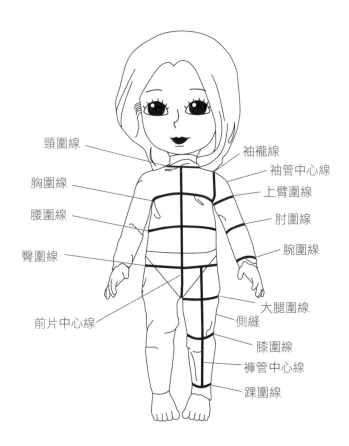

頸圍線　　　　　　　　　　袖襱線
　　　　　　　　　　　　　袖管中心線
胸圍線　　　　　　　　　　上臂圍線
腰圍線　　　　　　　　　　肘圍線
臀圍線　　　　　　　　　　腕圍線
　　　　　　　　　　　　　大腿圍線
前片中心線　　　　　　　　側縫
　　　　　　　　　　　　　膝圍線
　　　　　　　　　　　　　褲管中心線
　　　　　　　　　　　　　踝圍線

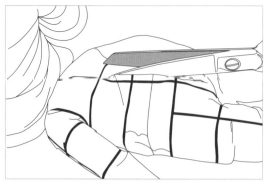

3　將用保鮮膜包覆的原型草稿分別剪下身體前片、後片、手、腳。剪開身體前、後片中心線並各自分成兩半，接著剪開腰圍線，以區分出上、下。

4　這是將上衣的前片及後片、下著的前片及後片、袖子的原型草稿剪下來的樣子。

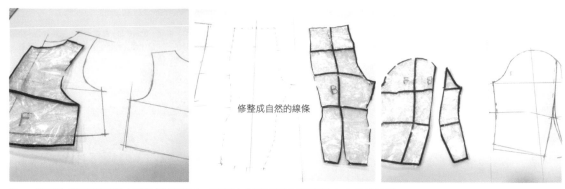

修整成自然的線條

5　將因為剪刀痕而變立體的部分弄平，接著放在描圖紙上照樣描出自然的線條。

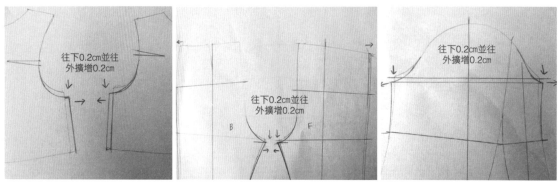

往下0.2cm並往外擴增0.2cm

往下0.2cm並往外擴增0.2cm

往下0.2cm並往外擴增0.2cm

6　分別擴增0.2cm的空間，配合肩線、側縫、上衣及下著的長度做修整。在袖襱和袖山上標示出距離相同的點。

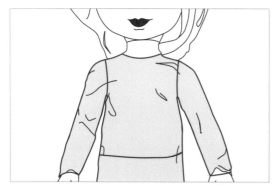

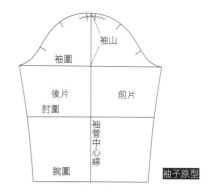

袖山

袖圍

後片　前片

肘圍

袖管中心線

腕圍

袖子原型

7 疏縫後試穿看看，找出需要修補的地方並修正版型。

8 完成上衣、袖子、褲子的原型！

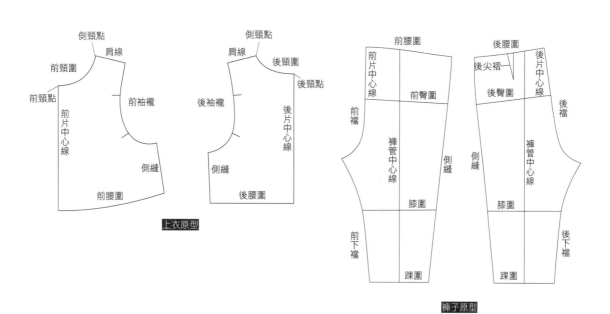

側頸點
肩線
前頸圍
前頸點
前片中心線
前袖襱
側縫
前腰圍

側頸點
肩線
後頸圍
後頸點
後袖襱
後片中心線
側縫
後腰圍

上衣原型

前腰圍
前片中心線
前臀圍
前襠
褲管中心線
側縫
膝圍
前下襠
踝圍

後腰圍
後尖褶
後片中心線
後臀圍
後襠
側縫
褲管中心線
膝圍
後下襠
踝圍

褲子原型

PART 2

下著打版
的基礎

BASIC

基本裙

沒有曲線、完全筆直的裙子，
也稱作緊身裙（tight skirt）。

BASIC LESSON

利用褲子原型繪製基本裙版型。繪製裙子版型時，所需
的前腰圍、後腰圍、臀長數值，必須用捲尺從褲子原型
上測量出來。

$$\frac{前腰圍}{2}=6.8cm$$

$$\frac{後腰圍}{2}=5.2cm$$

臀長＝3.6cm

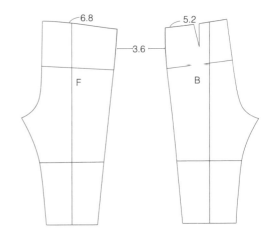

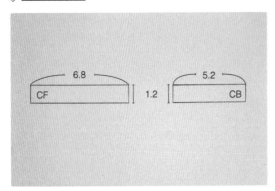

1 畫出長為前腰圍/2（6.8cm）、後腰圍/2（5.2
cm）及寬為1.2cm的前腰帶和後腰帶。

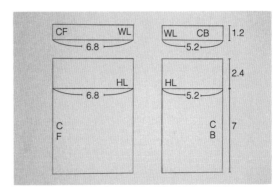

2 畫出以腰帶長度為寬的裙子前片和後片。在臀長
全長（3.6cm）減去腰帶寬（1.2cm）所剩餘的2.4
cm處畫上臀圍線，再從臀圍線往下畫 7 cm，描繪
出稍微蓋住膝蓋的裙子長度。

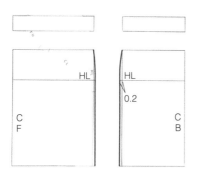

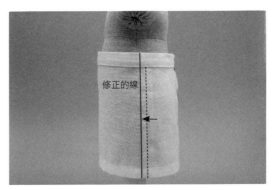

3 將前、後片的臀圍線分別往側縫外延伸0.2cm，在臀圍線下方畫出垂直線，上方則畫成自然的曲線。增加4個0.2cm的額外空間，大約比娃娃身體多出0.8cm左右的空間。

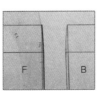

4 疏縫完穿在娃娃身上後，會發現側縫有點往後偏。雖然是依照娃娃身體測量出來的側縫，卻因為娃娃肚子突出的特性而使下著的側縫看起來往後偏。因此要將側縫移動到自然的側縫位置。這裡的側縫往前移0.6cm就是適當的側縫位置。

TIP 如果看起來不覺得礙眼的話，衣服側縫位置做得不正確也沒關係。但是如果想要從任何角度拍照都能很「上相」的話，還是讓側縫坐落在適當的位置比較好。

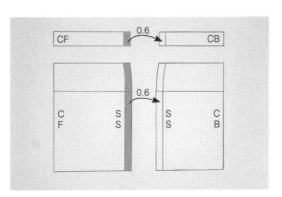

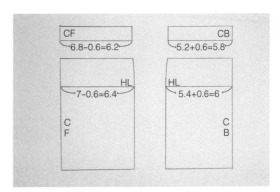

5 前片的側縫往內移動0.6cm，後片的側縫則往外移動0.6cm。如此一來前片會縮減、後片會增加，結果跟移動距離是一樣的長度。

6 版型各部位的數值在側縫移動後0.6cm就變成：前腰圍/2＝6.2cm、後腰圍/2＝5.8cm、前臀圍/2＝6.4cm、後臀圍/2＝6cm。

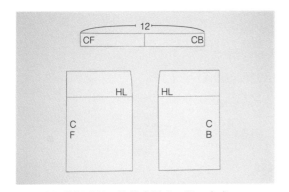

7 將腰帶版型前、後片合併成一張，完成。

01
A 字裙

從臀線開始延展成 A 字形的裙子。
只有稍微延展的裙子也稱作半 A 字裙（semi A-line）。
利用基本裙版型繪製 A 字裙版型。

BASIC LESSON

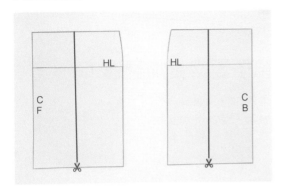

1 在基本裙版型加上裁切線。這裡是指加在臀圍的中間。

2 沿著裁切線剪開，下襬約展開0.8cm左右，接著移動到新的描圖紙上做描繪，並且一定要標示出臀圍線的位置。

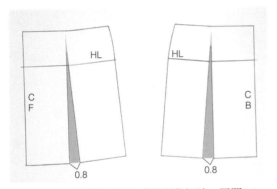

3 後片也依照相同的方式剪開裁切線，展開0.8cm並描繪出新的版型。

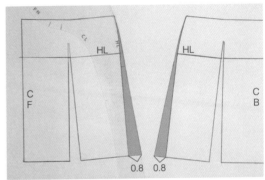

4 側縫也必須要有展開的部分才能形成自然的 A 字形。展開成跟中間展開的寬度一樣或較小的寬度。臀圍線上方利用雲型尺畫出曲線，臀圍線下方則畫成直線。

> **TIP** 根據不同的側縫延展寬度，側縫開始變形的位置也會不同。如果下襬展得很開，側縫就必須從腰圍線開始變形，但是如果展開得很小，從臀圍線開始變形即可。只要版型不要太有稜有角就行。

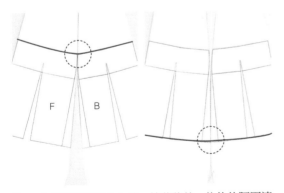

5 先剪開側縫和中心線，接著將前、後片的腰圍連接起來，並利用雲形尺修整成自然的曲線。用相同的方式將前、後片的下襬連接起來，並修飾曲線。

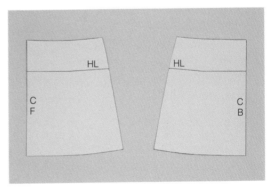

6 版型完成。

調整 A 字形的寬幅，將裙子變得更加飄逸！

如果想做出下襬較飄逸的 A 字裙，就將中間裁切線和側縫展開的幅度加寬。
如果增加裁切線的數量並加寬展開的幅度，會變得很像喇叭裙。

展開寬幅為1.5cm的 A 字裙。

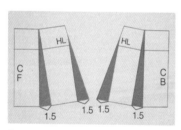

1 分別將裁切線和側縫展開1.5 cm寬。展開的幅度越大就越沒必要畫成曲線，只要從腰圍線頂端開始畫出直線即可。

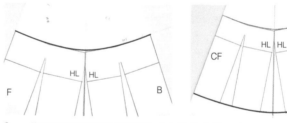

2 將裙子的腰圍和下襬修飾成自然的曲線。由於展開的幅度越大，版型會變形得越嚴重，所以盡量修得自然一點。

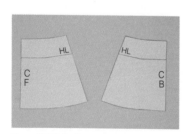

3 版型完成。

02

喇叭裙

下襬比 A 字裙更加飄逸的裙子是喇叭裙（flare skirt），
或者稱作圓裙（circular skirt）。
根據不同的展開角度，可以設計出90度、180度、360度等各種角度的裙子。
試著做出180度和360度的裙子並做個比較吧！

BASIC LESSON

180度喇叭裙

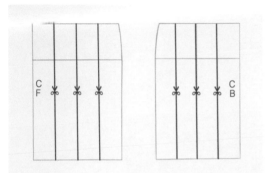

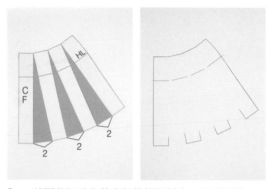

1 由於喇叭裙很需要加寬的區域，所以越多裁切線越能自然地展開。將基本裙版型前、後片以臀圍線為基準，分成4等分後畫出裁切線。

2 剪開裁切線後放在新的描圖紙上，分別展開2cm並描繪出外輪廓。

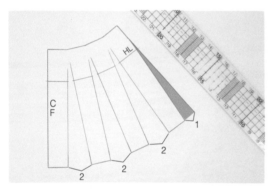

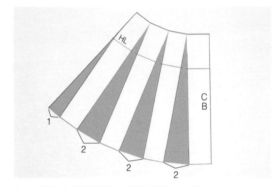

3 側縫要跟裁切線展開的幅度一樣寬或較小的幅度才會展開得很自然。如果側縫過度展開的話，會變成向外延展的裙子款式，需多加注意。腰圍頂端到下襬畫成直線即可。

4 後片也用跟前片一樣的數值作展開。

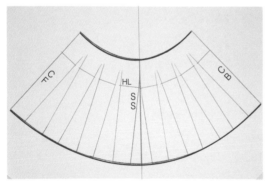

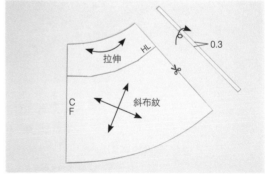

5 剪開側縫並將前、後片對齊拼在一起，用雲形尺將角度修成自然的曲線。

6 標示出斜布紋方向。由於腰圍線變形成曲線，與腰帶縫合時會出現多餘的部份，如果事先在版型上將多出來的部分消除，之後就能縫合得很平整。將前、後片側縫分別剪掉0.2～0.3cm的寬度。

TIP 必須要朝斜布紋方向裁剪布料，這樣才能做成有安定感及自然波浪的喇叭裙。斜布紋方向比垂直方向更有伸縮性及柔軟性。如果布料又薄又軟的話，也可以朝垂直方向來裁剪。

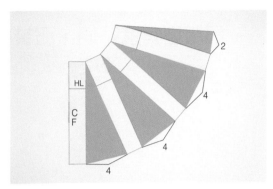

1-1 將 3 個裁切線分別展開 4 ㎝、側縫展開 2 ㎝。

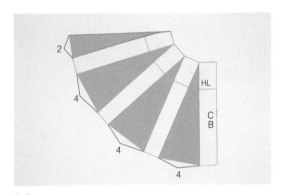

1-2

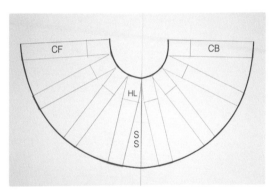

2 將有角的腰圍線和下襬修成自然的曲線。

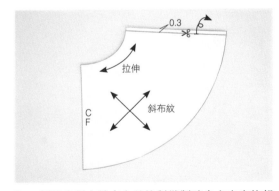

3 標示出斜布紋方向並比對縫製時會多出來的部分，事先將側縫剪掉0.3㎝的寬度。

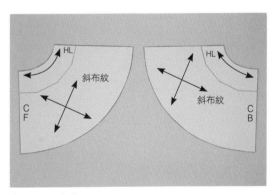

4 版型完成。

因版型角度不同，服裝輪廓也會有所不同的喇叭裙

因不同的展開角度使喇叭裙可以有很多種款式。
製作各種角度的版型有助於熟悉每種款式。

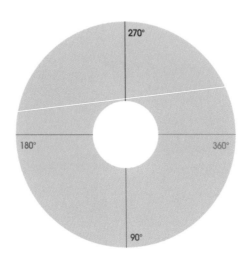

270°

180°　　　360°

90°

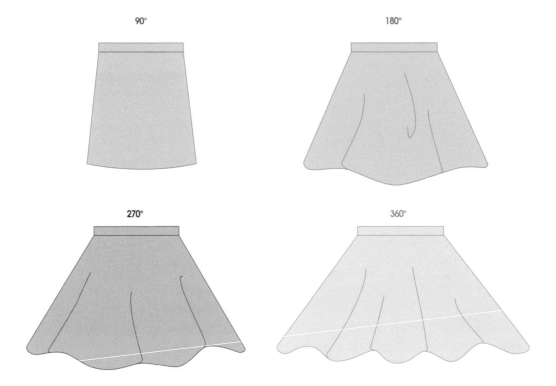

90°　　　　　　　　　　180°

270°　　　　　　　　　　360°

03

細褶裙

將布料蜷縮並摺成小皺褶作為裝飾的裙子就稱作縮褶裙（shirring skirt）或細褶裙（gather skirt）。

只要在基本裙或 A 字裙的版型前、後片中間加上皺褶分量就可以做出來。

當加進很多皺褶時，裡面必須要加入裁切線而且皺褶分量要平均，這樣才會自然。

皺褶可調整成裙子的1.5倍、２倍、３倍，形成各式各樣的款式，

上面的皺褶數量和下面的波浪幅度不同，就會產生不同感覺的裙子。

將細褶裙做成娃娃服裝時，為了讓裁剪和縫製更簡單，可將前、後片合併，變成長方形的版型。

BASIC LESSON

正規製圖－皺褶分量與波浪分量相同的細褶裙

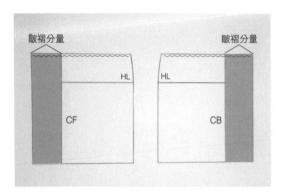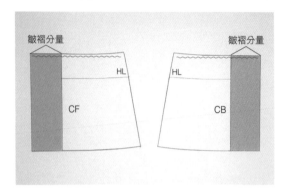

1 將基本裙或 A 字裙的版型製圖加上皺褶分量。
由於皺褶很多所以臀圍夠大，因此沒必要額外多留臀部的空間。

正規製圖－波浪分量比皺褶分量多的細褶裙

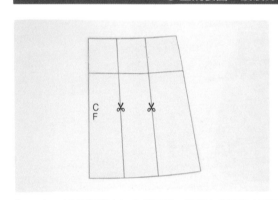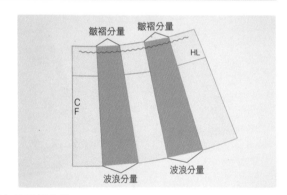

1 在 A 字裙版型中加上裁切線，接著在裁切線之間平均加入皺褶分量。
根據上面的皺褶分量和下面的波浪幅度變化，會形成不同型態的裙子。

娃娃專用的細褶裙簡單製圖

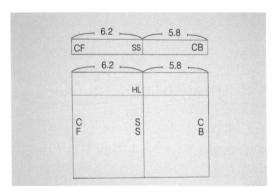

1 繪製跟裙子腰帶同寬且前、後片合而為一的版
型。因為皺褶很多，所以不用額外多留臀部的空
間。

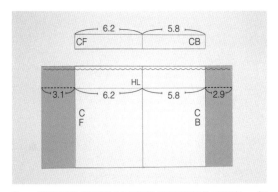

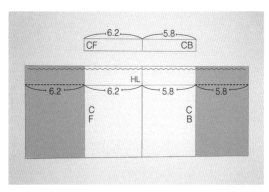

2 將想要的皺褶分量平均地配置到前片跟後片。如果想要製作皺褶分量為1.5倍的版型，需要分別增加前、後片的皺褶分量，前片旁邊增加前片寬的一半3.1cm及後片旁邊增加後片寬的一半2.9cm。寬12cm的裙子增加6cm的皺褶，就變成寬為18cm的1.5倍版型。

如果想製作皺褶為2倍的版型，需要增加與前片6.2cm、後片5.8cm同寬的皺褶。寬12cm的裙子增加12cm的皺褶，就變成寬24cm的2倍版型。

dolls clothing MAKE

<u>04</u>

百褶裙

長褶襉（pleat）的裙子。
有褶襉只往同一方向摺的單褶、褶襉相對而摺的對褶。
利用基本裙或 A 字裙版型製圖。

基本裙應用－單褶百褶裙

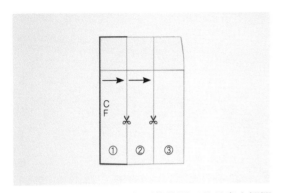

<u>1</u>　在基本裙上面依照想要的位置跟數量畫出褶襉線。摺疊的方向也一併標示上去，接著在新的描圖紙上從①號裁切塊開始描繪。

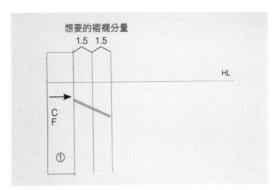

<u>2</u>　將臀圍線（HL）畫成跟想要的褶襉分量一樣長。每一個單褶要畫成 2 格褶裡，用斜線標示褶襉的摺疊方向。

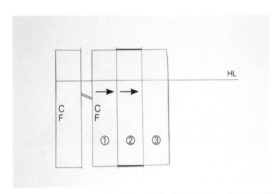

<u>3</u>　用相同的方式畫出②號裁切塊及褶裡，並標示褶襉的摺疊方向。

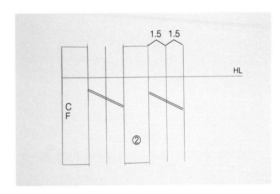

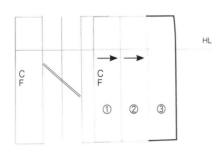

<u>4</u>　最後畫出③號裁切塊。

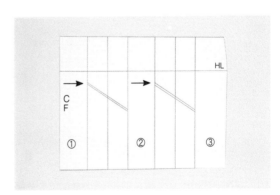

<u>5</u>　版型完成。

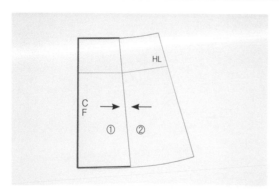

<u>1</u>　在 A 字裙版型上畫出褶襇線並剪開。在新的描圖紙上沿著①號裁切塊描出外輪廓線。

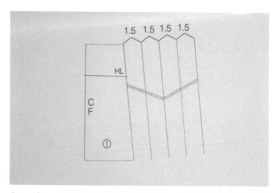

<u>2</u>　每一個對褶要畫上 4 格褶裡，用斜線標示褶襇的摺疊方向。

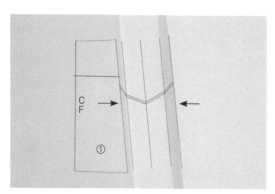

<u>3</u>　按照摺疊線摺出褶襇。由於臀圍線不是直線，所以最好一邊摺出對褶一邊畫線。

TIP　摺疊褶襇時，如果先用錐子劃出痕跡再摺就能摺得很平整。

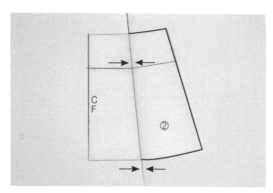

<u>4</u>　在褶襇摺起來的狀態下，描出②號裁切塊的外輪廓。

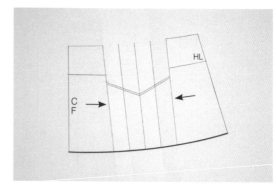

<u>5</u>　展開褶襇並將下襬修飾成自然的曲線。

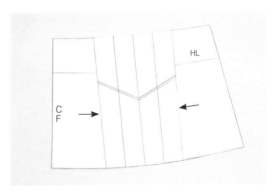

<u>6</u>　剪開中心線、側縫及下襬，並按照摺疊線摺好，接著用剪刀剪出腰圍線，完成。

<u>7</u>　版型完成。

🏷 基本裙應用－網球裙

試著繪製各式百褶裙中，褶襉間距固定的網球裙吧！要將網球裙做成娃娃服裝時，跟製作細褶裙一樣，為了讓裁剪和縫製更簡單，可將前、後片合併，做成長方形的版型。

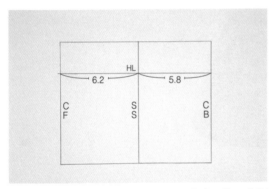

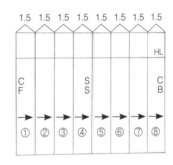

<u>1</u>　繪製跟裙子腰帶同寬，且前、後片合而為一的版型。由於網球裙褶襉很多，所以臀圍夠大，因此沒必要額外多留臀部的空間。

<u>2</u>　在裙子版型裡加上褶襉線。因為網球裙的褶襉間距一樣，所以將裙子全寬分成想要的褶襉數量即可。如果要把寬12㎝的裙子分成 8 個褶襉，每個褶襉的寬就是1.5㎝。

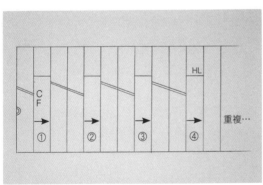

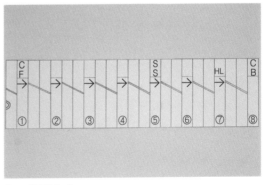

<u>3</u>　在褶襉之間分別加入 2 個與褶襉寬度1.5㎝同寬的褶裡。如果褶裡太窄，下襬的褶襉尾端會很容易散開；如果太寬，重疊的部分變多，和腰帶縫合時會變得很厚。

<u>4</u>　版型完成。

05
打褶裙

跟百褶裙的褶襉從腰圍到下襬都是直線不同,這是在腰圍或下襬打褶(tuck)的裙子。
如果只有在腰圍打褶,越往下延展裙襬就越自然。
如果腰上半部打很多褶,越往下延展而裙襬寬越窄的裙子就稱作打褶窄裙(tapered skirt)。
利用基本裙或 A 字裙版型就能做出打褶裙。

BASIC LESSON

腰圍單褶打褶裙

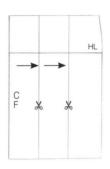

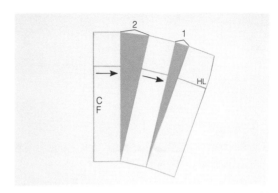

1 在基本裙版型上定好想要的打褶位置和數量，並加上裁切線。褶襉的方向也要用箭號標示出來。

2 剪開裁切線並將上面展開成想要的打褶分量。放在新的描圖紙上用膠帶之類的東西固定後描邊。

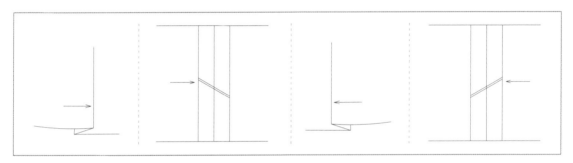

TIP▶ 標示在版型圖上的斜線依照不同的褶法有不同的標記方法。
褶襉從右往左摺是畫往左下的斜線，
相反的情況則是畫往右下的斜線即可。

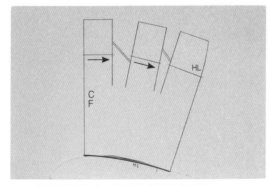

3 利用雲形尺將下襬修飾成自然的曲線。

4 先用剪刀將中心線、側縫及下襬剪開，接著在褶襉按照線摺疊好的狀態下將腰圍剪開。

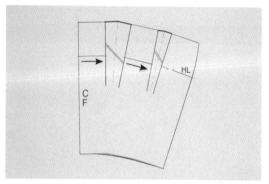

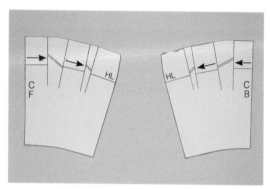

5 將摺疊好的褶襉展開後完成的版型。利用相同的方式將後片也完成。

6 版型完成。

⚅ **腰圍下襬對褶打褶裙**

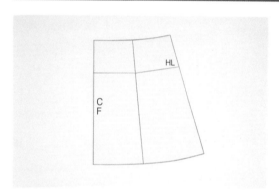

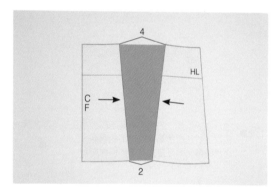

1 在 A 字裙版型上依照想要打褶的位置和數量加入裁切線。褶襉的方向也要用箭號標示出來。

2 沿著褶襉線剪開並將上、下展開成想要的褶襉分量，接著放到新的描圖紙上描繪。

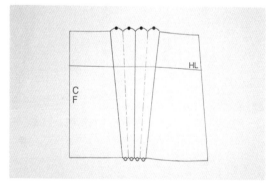

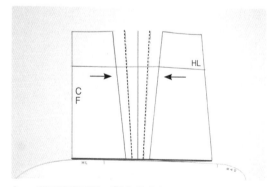

3 將褶襉分成 4 等分並畫出對褶的摺線。為了讓上、下所有褶襉都能摺疊，必須從腰圍畫到下襬。

4 利用雲形尺將下襬修飾成自然的曲線。

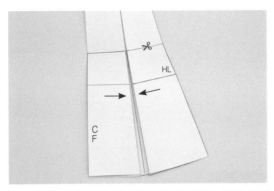

<u>5</u>　先用剪刀將中心線、側縫及下襬剪開，接著在褶襴按照線摺疊好的狀態下將腰圍剪開。

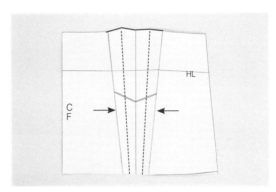

<u>6</u>　如果將摺疊好的褶襴展開會是這個樣子。

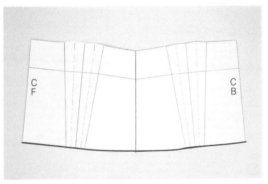

<u>7</u>　利用相同的方式繪製後片之後，將側縫合在一起，並將下襬修飾成自然的曲線。

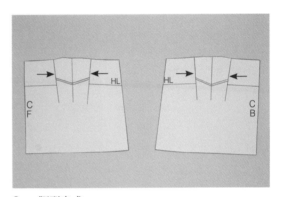

<u>8</u>　版型完成。

dolls clothing MAKE

01

寬褲

整體寬度很寬且輪廓筆直的褲子。
長度只到小腿的款式也稱為非全長寬褲（wide crop pants）。

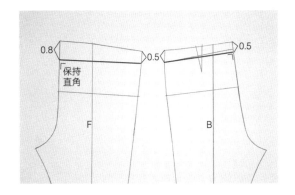

<u>1</u>　褲子原型前、後片的腰圍與中心線保持直角並往下移動。

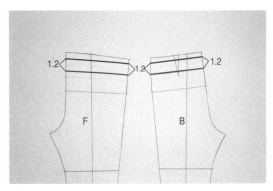

<u>2</u>　在往下移動的腰圍上方標示出腰帶的寬度。

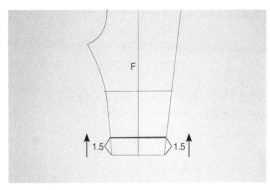

<u>3</u>　將褲長變短。這裡是減少1.5cm。

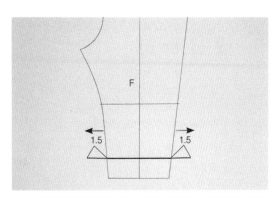

<u>4</u>　在下襬兩側平均增加想要的寬度。這部分是各自增加1.5cm。

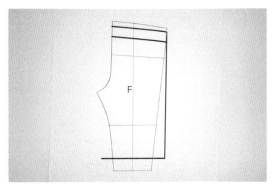

<u>5</u>　用直線將側縫從腰圍連到下襬。

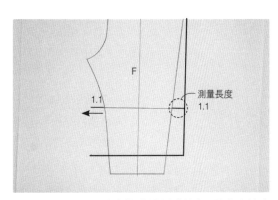

<u>6</u>　測量側縫這一側增加的膝圍線長度，並在左邊也加上相同長度的膝圍線。

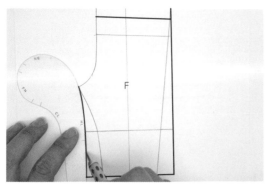

7 　連接下襠線。膝圍線以上畫曲線、以下畫直線。

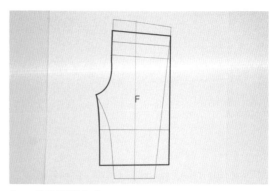

8 　前片繪製完成。

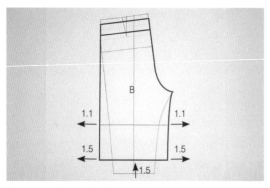

9 　利用相同的方式將後片也完成。

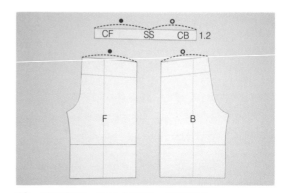

10 　將腰帶前、後片合併成一張即完成。

TIP

將腰圍往下移動的理由

褲子原型的腰圍是將肚子完整包覆的狀態下從前片中心線生成的長度。
所以不管是人類還是娃娃，如果完全按照原型製作褲子的話，就會變成常講的高腰褲。
雖然穿起來像燈籠褲一樣舒適的抽繩褲或褲裙比較沒什麼差別，
但是普通的褲子把腰圍往下並重新整形會比較自然。

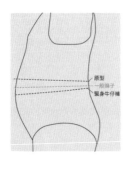

一般褲子的腰圍

將最長的前片中心線往下0.5～1㎝，側面和後片中心線往下0.3～0.8㎝，一般的情形就是讓臀長呈現一致。

緊身牛仔褲的腰圍

像緊身牛仔褲之類的低腰褲腰圍是前面往下很多而後面往上，從側面看會是一條斜線。
因此前面往下1～1.5㎝、側邊往下0.8～1.2㎝、後面往下0.6～1㎝，每個區間內有各自對應的長度。

02
窄管褲

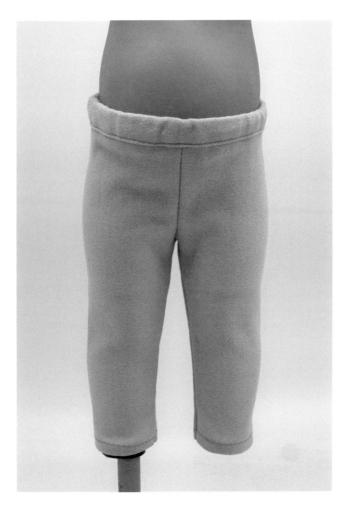

跟寬大的寬褲相反,是像內搭褲一樣完全服貼於腳的褲子款式。
褲子腰寬要繪製得比腰帶還窄,使褲子能剛好服貼在身體上。

BASIC LESSON

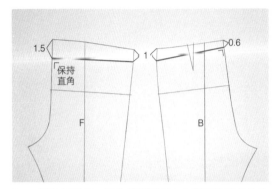

1 褲子原型前、後片的腰圍與中心線保持直角並往下移動。

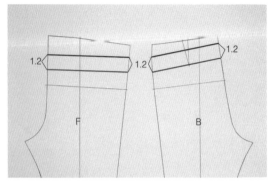

2 從往下移動的腰圍往上標示出腰帶的寬度。

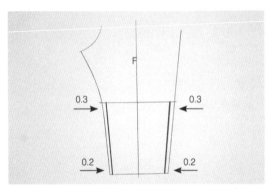

3 在膝蓋和下襬之間減掉想減的分量。當使用彈性很好的布料時，多減一點也沒關係。

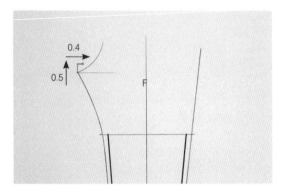

4 將褲襠中心點往上0.5cm再往內移動0.4cm。當使用彈性很好的布料時，多移一點也沒關係。

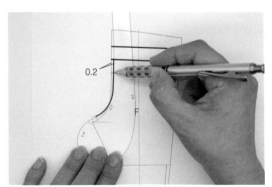

5 將前片中心線向內移0.2cm並跟新的褲襠中心點連起來。當使用彈性很好的布料時，多移一點也沒關係。

> **TIP** 緊身牛仔褲的褲子腰寬畫得比腰圍還窄的理由是……？
> 請參考第61頁。

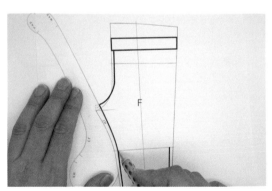

6 從左邊膝圍線到褲襠中心點，利用雲形尺連接成自然的曲線。

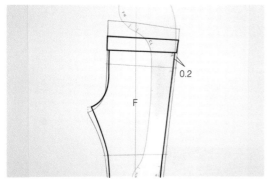

<u>7</u>　右邊側縫往內移0.2cm並跟膝圍線連接起來。

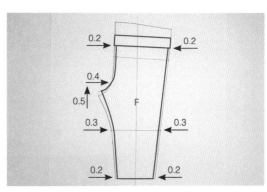

<u>8</u>　前片繪製完成。

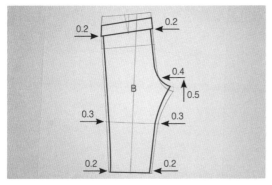

<u>9</u>　利用相同的方式將後片也完成。

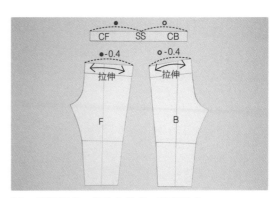

<u>10</u>　將腰帶前、後片合併成一張即完成。

TIP

緊身牛仔褲的腰寬畫得比腰圍還窄的理由是？

一般來説，腰帶和褲子的腰寬必須要一樣，但是如果在布料材質有彈性的情況下，也會故意將褲子腰寬畫得比腰帶還窄。如果把褲子腰寬畫得比腰帶還窄，就必須將布料拉伸再做縫製。這時褲子就會變成剛好服貼在身上的緊身牛仔褲。布料材質越有彈性越需要拉伸。

側縫沒有裁切線且連在一起繪製時必須要修正的部分

像內搭褲或緊身牛仔褲這類緊貼型的褲子，會因為寬度縮減使側縫的裁縫線消失不見。這時前片和後片的側縫

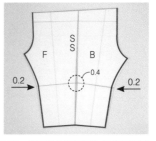

又連在一起的話，只要減少越多膝蓋區塊，膝蓋之間產生的縫隙就越大。

要將這個縫隙量平均分給兩側往內縮減。另外，如果腰圍或下襬因為側縫相連在一起而變得有稜有角的話，就要修飾成自然的曲線。

03

短褲

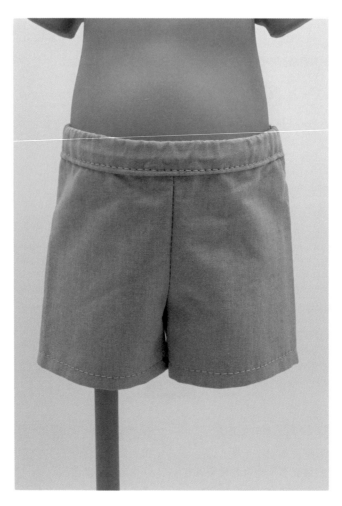

長度到膝蓋之上或膝蓋的褲子。
如果只有將褲子原型的長度變短，下襬會向外展開，所以也必須調整褲子的角度。

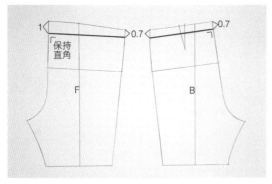

1 將褲子原型的腰圍往下移動。

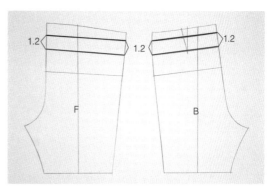

2 從下移的腰圍往上標示出腰帶的寬度。

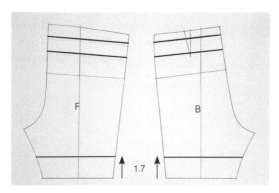

3 將褲長變短。這裡是減少至膝蓋上方1.7cm。

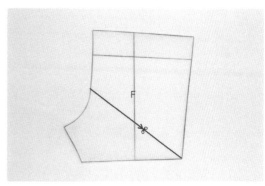

4 從褲襠線往前、後片中心線剪開。

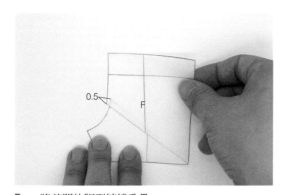

5 將剪開的版型褲襠重疊0.5cm。

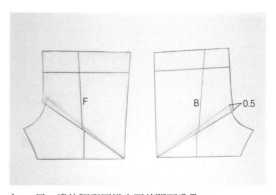

6 另一邊的版型同樣也要剪開再重疊0.5cm。

TIP **重疊短褲褲襠的理由～**
　　雖然好像褲子原型的褲長變短就能成為短褲,但是
實際上像這樣來製作的話,下襬會向外展開,變成不自然的
形狀。拿起褲子前、後片中心線並將褲襠疊合,如果有經過
這樣的過程,就能維持正常的服裝輪廓。

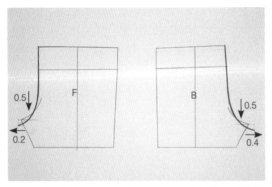 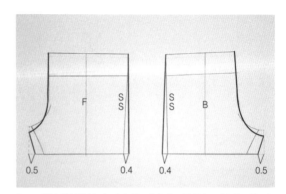

7 　將褲襠線往下並充分延長，並用自然的曲線連接起來。由於之前褲襠重疊在一起使褲襠長度變短，因此往下0.5cm，前片延長0.2cm、後片延長0.4cm。

8 　從新的褲襠線垂直往下畫出下襬線，接著再往內縮0.5cm。推移褲子原型的側縫，增加想要的寬度（0.4cm），並用自然的曲線連接起來。如果想要服裝輪廓呈現往側邊展開的A字形，就要增加側縫推移距離。

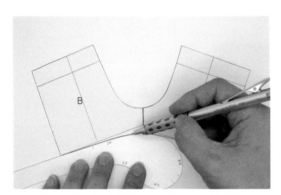 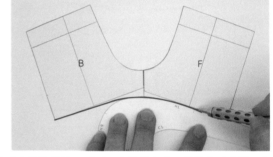

9 　將褲子的下襬合併在一起，為了不要有稜有角，需連接成自然的曲線。不要一次就畫出來，請移動雲形尺，分成 2 次來畫。

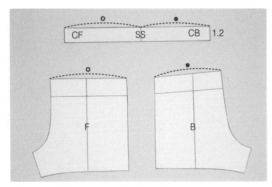

10 　將腰帶前、後片合併成一張即完成。

PART **3**

——

上衣打版
的基礎

TOP

BASIC

領子

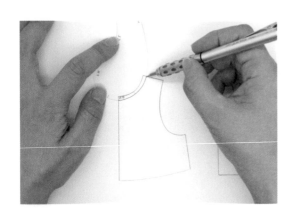 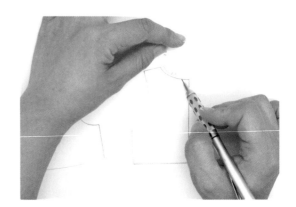

---

1. 為了領子而做的上衣

由於原型頸圍是完全符合身體所繪製而成,如果照樣
製作的話,頸部看起來會很憋。因此想要加上領子時
必須將頸圍線變形。由於每款領子的頸圍線形狀都不
一樣,所以想要的領子款式必須看要從側頸、前頸、
後頸往下降多少才行。

一般來說,領子會從側頸來確認要下降多少,並從原
型的側頸開始挖。以側頸為基準,前頸要一樣深或更
深,後頸則是減少為側頸的1/3~1/2左右。如果後頸
挖得太多,衣服容易往後掉或是滑下去,必須多加注
意。

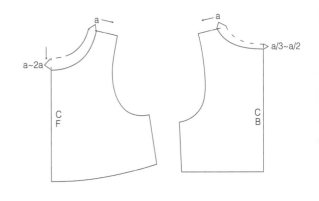

2. 無領的V領、U領、船領

V領

U領

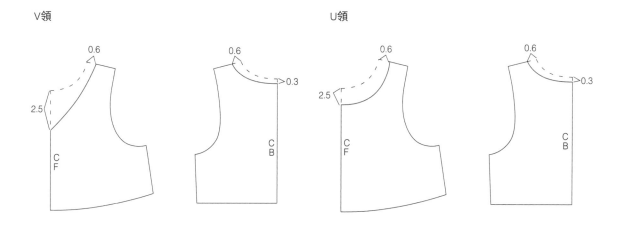

船領

這是挖很多側頸的款式。如果要加上袖子或內襯,肩線必須保持一定的距離才行,因此在挖側頸時,假如遇到肩線變短的情況,就要將肩線往外延長並修正袖襱。

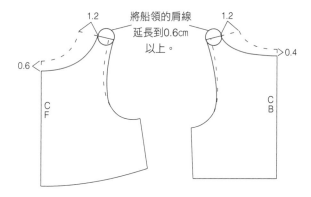

將船領的肩線
延長到0.6cm
以上。

01

立領

 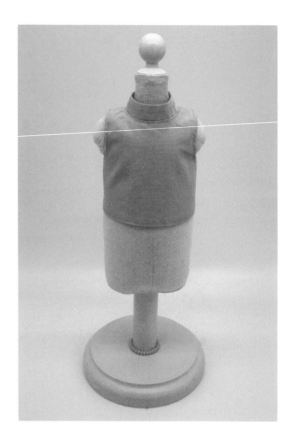

頸圍上的衣領直挺挺地立著，且不往下摺的領子。

稱為立領（Standing collar）或中式領（Chinese collar）。

⊜ 一字型立領

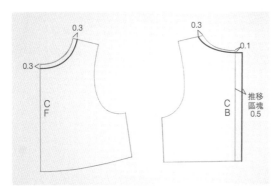

1 上衣的肩線從前頸和側頸下挖0.3cm、後頸下挖0.1cm。後片中心線往外推移0.5cm。

2 測量前頸圍/2、後頸圍/2的長度。

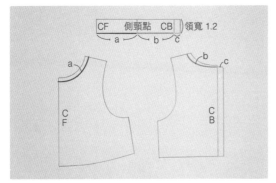

3 以前頸圍/2（a）＋後頸圍/2（b）＋推移區塊（c）的長度為長及1.2cm為寬，畫出長方形的領子版型。在a和b之間標示側頸點。

⊜ 曲線型立領

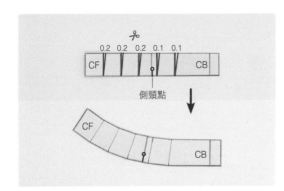

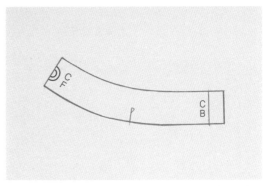

1 由於一字型立領上、下長度一樣，如果合併在有挖頸圍線的衣服上，穿上後領子上邊會翹翹的。因此要將領子上邊縮減，使領子與身體自然地貼合才可以。在版型上加入裁切線並將上頸圍減掉想要減少的長度。雖然加入越多的裁切線形成的曲線越自然，但是因為娃娃服裝版型很小，只加兩、三處做縮減也可以。

2 用膠帶將下方貼好固定住，將修正好的領子外輪廓描在新的描圖紙上，接著將領子上、下方修飾成自然的曲線。在前片中心線標示對摺線符號（◎），也別忘了標示出側頸點和推移區塊的寬度。

02

平翻領

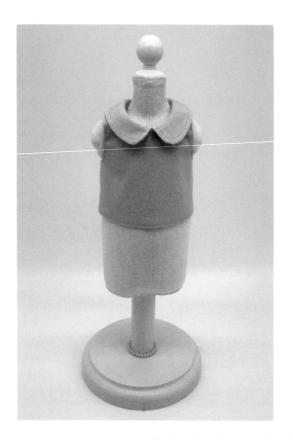 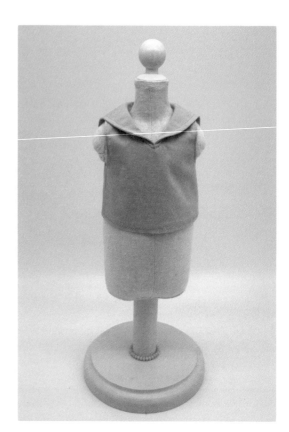

沒有立起來的地方，直接從頸圍線翻摺的扁平領子。

有娃娃領（Peter Pan collar）和水手領（sailor collar）等。

BASIC LESSON

娃娃領

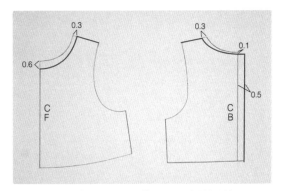

1 上衣的肩線從前頸下挖0.6cm、側頸下挖0.3cm、後頸下挖0.1cm。後片中心線往外推移0.5cm。

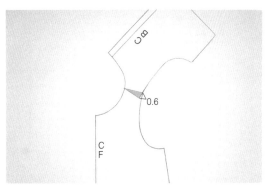

2 將前、後片肩線併在一起，以前頸點為基準，在肩點會產生0.6cm的重疊區域。

3 將肩線重疊的原型重新描繪在新的描圖紙上。

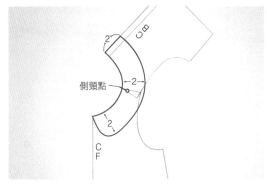

4 畫出平翻領的形狀。從後片中心線開始到前片中心線為止維持 2 cm的寬度，畫出圓形的領子。標出側頸點就完成了。

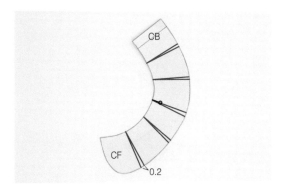

5 雖然為了不要讓領子翹起來而給肩線0.6cm的重疊區域，但是在疏縫過程中，如果領子無法平躺在上衣上面而翹起來的話，可以在領子版型上加入裁切線並縮減外輪廓來做調整。

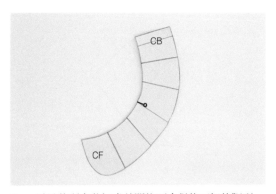

6 這是將所有裁切處剪開後再合併修正好的版型。

😊 水手領

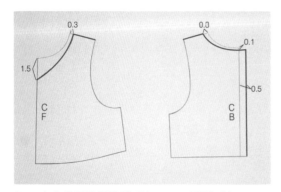

1 上衣的肩線從前頸下挖1.5cm、側頸下挖0.3cm、後頸下挖0.1cm。水手領是前頸圍線形成平整的V字形曲線。後片中心線往外推移0.5cm。

2 將前、後片肩線併在一起。此時以前頸點為基準，在肩點產生0.6cm的重疊區域。

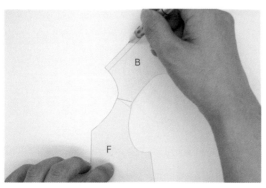

3 將肩線重疊的原型重新描繪在新的描圖紙上。

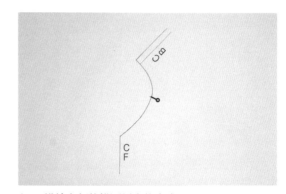

4 描繪在新的描圖紙上的完成圖。

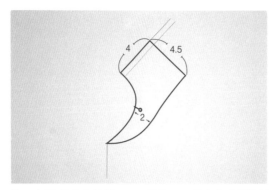

5 以後片中心線長4cm、肩寬2cm畫出水手領的形狀。標出側頸點即完成。

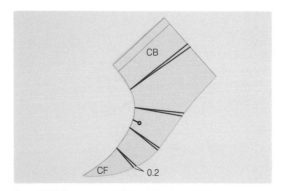

6 雖然為了不要讓領子翹起來而給肩線0.6cm的重疊區域，但是在疏縫過程中，如果領子無法平躺在上衣上面而翹起來的話，可以在領子版型上加入裁切線並縮減外輪廓來做調整。

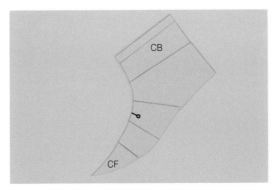

7   這是將所有裁切處剪開再合併後修正好的版型。

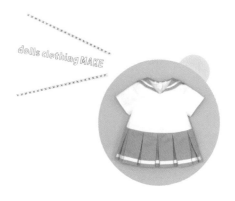

dolls clothing MAKE

<u>03</u>

襯衫領

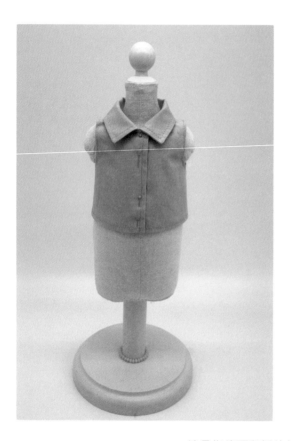 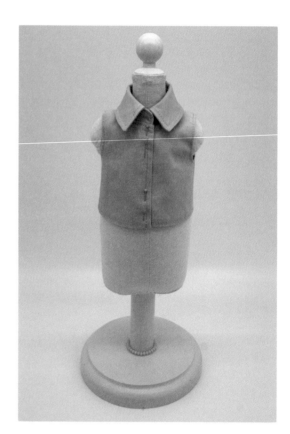

這是指後頸翻摺的部分立起來的領子。

分成有領台和無領台。

領片尖端通常很尖或是稍微有點圓滑。

無領台襯衫領

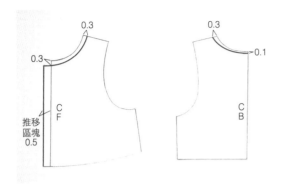

<u>1</u>　上衣的肩線從前頸和側頸下挖0.3cm、後頸下挖0.1cm。前片中心線往外推移0.5cm。

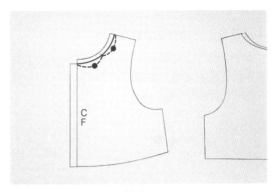

<u>2</u>　將前頸圍線分成2等分。

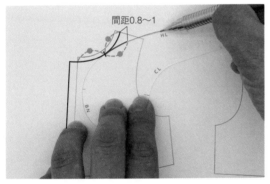

<u>3</u>　在前片中心線上，從1/2分界點開始畫出和頸圍曲線對稱的反向曲線。與原本的頸圍線間距約為0.8～1 cm，不同的曲線角度會形成不同的領子外輪廓線。

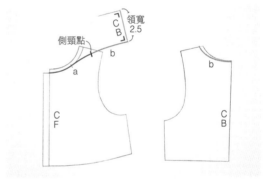

<u>4</u>　延長到跟後頸圍/2（b）一樣的長度之後，再以直角畫出寬2.5cm的領子。

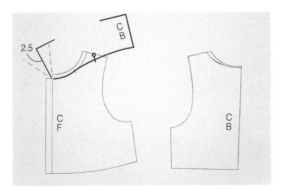

<u>5</u>　從前片中心線畫出寬2.5cm的領子。依照不同的領子前緣款式可以畫成各種角度。

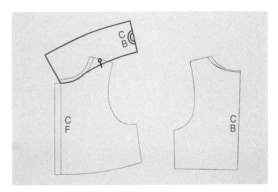

<u>6</u>　用自然的曲線將領子前、後連接起來，就完成外輪廓線。一定要標出側頸點。

調整領子外輪廓長度的方法

如果領子的外輪廓太窄的話，在外輪廓線上加
入裁切線並展開。如果領子會翹起來的話，就
反過來將裁切線疊合做微調。

✂ HOW TO MAKE

😊 有領台襯衫領

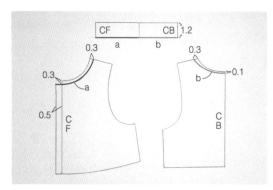

__1__　上衣的肩線從前頸和側頸下挖0.3cm、後頸下挖
0.1cm。前片中心線往外推移0.5cm。測量前、後
頸圍的長度後畫出以前頸圍/2＋後頸圍/2為長、
1.2cm為寬的長方形領台版型。

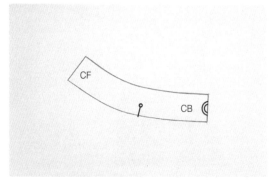

__2__　加入裁切線將上頸圍縮短（請參考p.69曲線型立
領製圖法的第一個步驟），在新的描圖紙上描繪
出修正好的領子外輪廓，接著用自然的曲線修飾
領子上、下方。在後片中心線上標示對摺線符號
（◎）及側頸點。

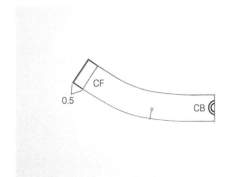

__3__　從前片中心線平行往外增加0.5cm寬。

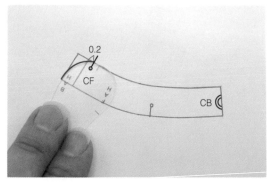

__4__　確定領子在領台上的起始位置。在前片中心線往
後0.2cm的地方標示為領子縫合位置。從領子縫
合位置往推移區塊畫曲線。

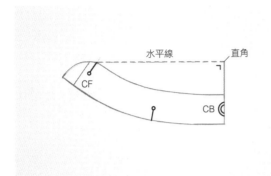

<u>5</u> 為了找出對摺線的延長線和領子頂端以直角相交的點，請畫出輔助線。

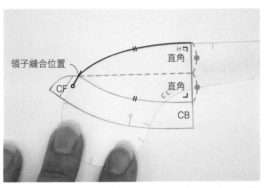

<u>6</u> 以輔助線為基準畫出和領台曲線對稱的領子下緣線。

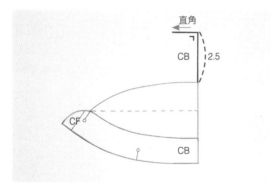

<u>7</u> 將領寬2.5㎝往垂直方向延長並以直角畫出領子的後半部。

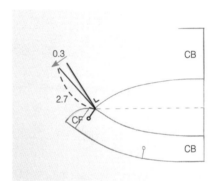

<u>8</u> 領子的前半部從領子下緣曲線以直角往上畫線，再將此線稍微往前移動。不同的前領角度跟長度會形成不同的領子款式。

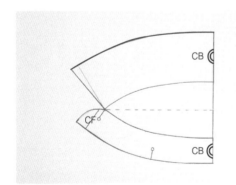

<u>9</u> 跟後片中心線呈直角並維持領寬往前畫線，過了中間之後，從中間到前半部畫成自然的曲線。

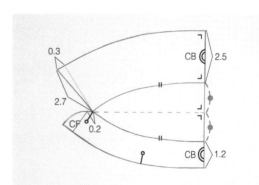

<u>10</u> 完成的襯衫領子版型。

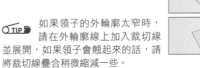 如果領子的外輪廓太窄時，請在外輪廓線上加入裁切線並展開，如果領子會翹起來的話，請將裁切線疊合稍微縮減一些。

04

蝴蝶結領

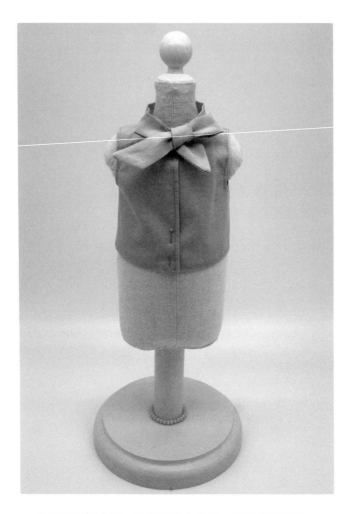

為了可以打成結，領台尾端會多留一段絲帶的領子。
可以呈現出可愛的感覺，經常使用在娃娃服裝上。

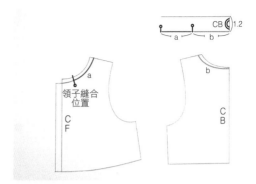

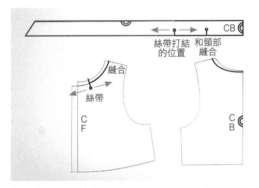

__1__ 上衣的肩線從前頸和側頸下挖0.3㎝、後頸下挖0.1㎝。前片中心線往外推移0.5㎝。

__2__ 確定絲帶開始的位置，也就是領子開始縫合的位置並標示在上衣上。測量 a 和 b 的長度，並以1.2㎝為寬畫出四角形的領子版型，然後標示出側頸點、領子縫合位置。

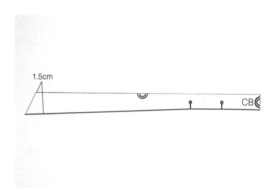

__3__ 從領子縫合位置開始延長出想要的絲帶長度。在上邊標示對摺線符號（◎）。

__4__ 絲帶的寬及形狀可以設計成想要的款式。

05
連帽領

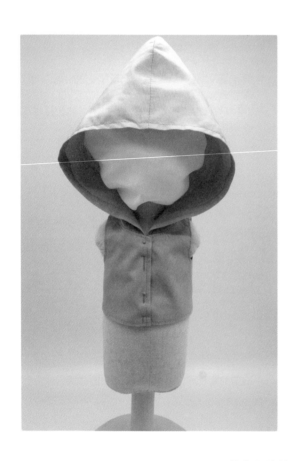 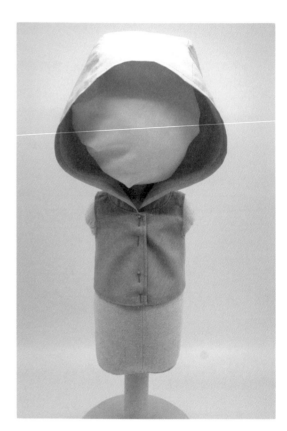

從上衣連接帽子的領子。
可以設計成一條裁切線的簡單型連帽領或 2 條裁切線的立體型連帽領。
製圖時在連帽後面開衩，讓娃娃的頭髮可以放出來。

需要的部位及數值（範例）

- 連帽長度：從頭頂到側頸點的長度/2＝19.5㎝
- 連帽寬度：包圍到臉部的連帽圍長/2＝14㎝
- 上衣前片和上衣後片的頸高差＝1.4㎝

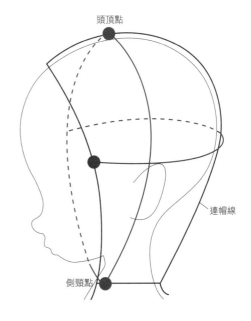

😊 一條裁切線的連帽領

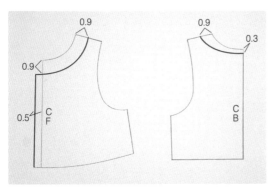

1 上衣的肩線從前頸和側頸下挖0.9㎝、後頸下挖
   0.3㎝。前片中心線往外推移0.5㎝。由於連帽領
   必須要讓頸圍空間夠大，所以頸圍線要挖深一
   點。

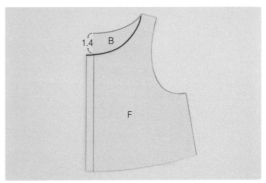

2 測量上衣前片原型及後片原型的頸高差。這裡的
   頸高差是1.4㎝。

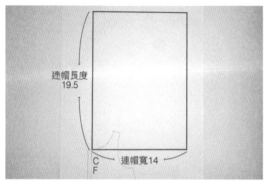

3 從側頸點向上延伸成連帽長（19.5cm），往旁邊延伸成連帽寬（14cm），畫出長方形。

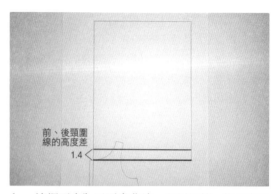

4 連帽下方為了要畫曲線，必須以前、後頸高差（1.4cm）為高畫出平行線。

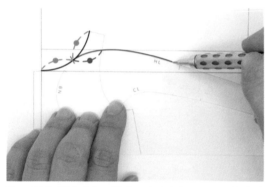

5 將前頸圍分成2等分，畫出與前頸圍1/2等分點到側頸點之間的頸圍線對稱的反方向曲線。側頸點的對稱點要盡量碰到那條1.4cm的頸高差異線。

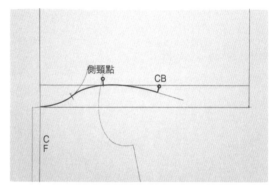

6 確認上衣的前、後頸圍長度並分別標示出側頸點和後片中心線頂點。

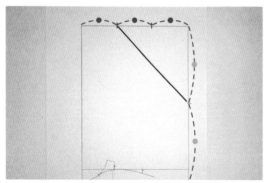

7 將連帽長方形的寬分成3等分，長分成2等分，並用直線將1/3等分點與1/2等分點連接起來作為輔助線。

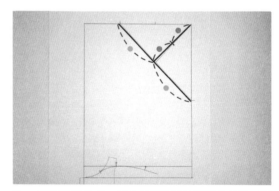

8 將輔助線分成2等分並畫出連接頂點的直線，再將這條直線分成2等分。

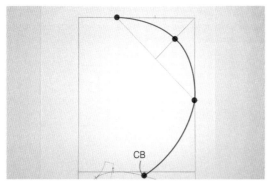

<u>9</u>　用曲線連接各點即完成連帽的曲線。雖然可以就
　　這樣完成連帽，但是許多娃娃都有很多頭髮，所
　　以需要有把頭髮往外放出去的空間。

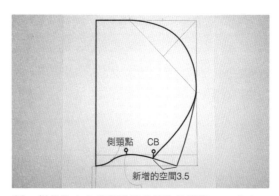

<u>10</u>　從後片中心線頂點將曲線往外推移3.5㎝左右，
　　並修正連帽的曲線。

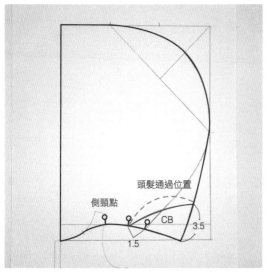

<u>11</u>　從後片中心線頂點往內推移1.5㎝的點到連帽曲
　　線往上3.5㎝的點，用曲線連接起來。這個部分
　　將成為頭髮往外放的開衩。開衩的起始點和高度
　　可依照娃娃做調整。

😊 2 條裁切線的連帽領

雖然娃娃的頭是圓的，但連帽的裁切線只用 1 條裁切線會很難呈現出立體狀。

如果用 2 條裁切線，就能做出符合頭形的立體連帽。

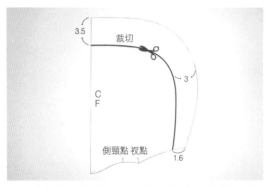

1 在只有 1 條裁切線的連帽版型中確定裁切線寬（3.5cm）並用曲線畫出裁切線。

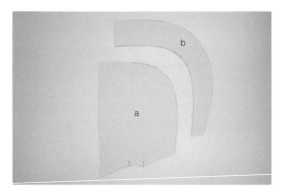

2 沿著繪製的裁切線剪開，分成 a 和 b。

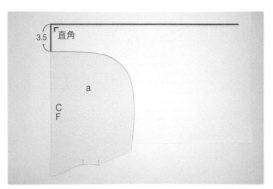

3 沿著前片中心線往 a 上方延長畫成和裁切線寬（3.5cm）同長度，再畫出垂直線條。

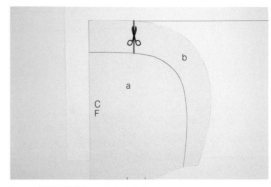

4 剪開標示在 b 上的紅線。

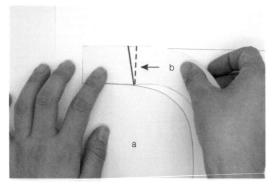

5 為了讓上方碰到垂直線，上方要重疊並固定。下方的長度為了要維持一樣，不能有重疊的部分。

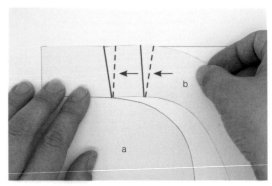

6 摺出下一條裁切線並沿著直線固定。

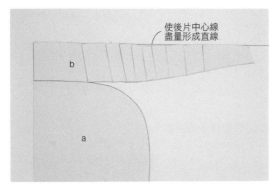

7 重複這個步驟並使後片中心線盡量形成直線，接著再描繪在新的描圖紙上。

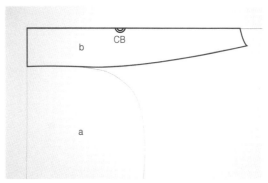

8 將新描繪好的版型修成自然的曲線。用對摺線符號（◎）標示出後片中心線。

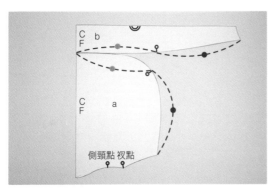

9 確認版形 a 和 b 的縫合線長度是否一樣，並標示出縫合點。

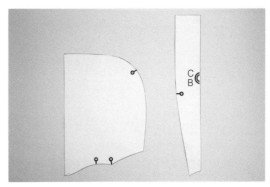

10 版型完成。

BASIC
袖子

✄ PATTERN MAKING

1. 不同長度的袖子名稱

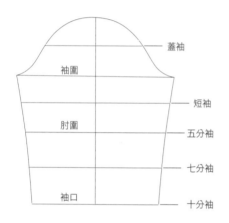

蓋袖
袖圍
短袖
肘圍
五分袖
七分袖
袖口
十分袖

2. 上衣和袖子的連接

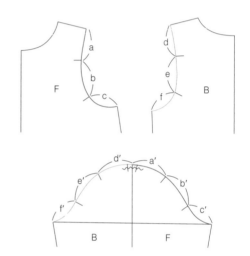

3. 袖子的縮縫

這是為了立體剪裁而將袖子的袖襱繪製得比上衣還長的方法。縫合時如果將袖子上邊蜷縮後再和上衣縫合，就能將肩膀跟袖子連接的曲線做得很圓。雖然縮縫分量等於上衣和袖子的袖襱差就好，如果縮縫分量很大就變成蓬蓬袖，如果分量很少，縫製時必須將袖子布料拉伸開再縫。

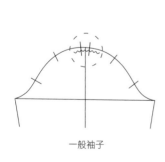

一般袖子

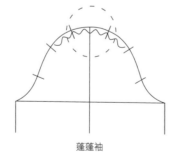

蓬蓬袖

拉伸縫製的袖子

4. 修改袖子版型的方法

修改袖口的方法

①增加腕圍

平均往兩側外增加想要的圍長。讓兩邊頂端不要變成直角，下邊曲線畫得往外凸一點。

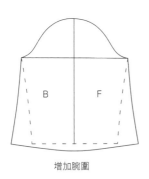

增加腕圍

②減少腕圍

平均往兩側內減掉想要減的圍長。讓兩邊頂端不要變成直角，下邊曲線畫得往內凹一點。在娃娃手很大的情況下，如果剛好符合腕圍，手會穿不進去。袖口寬度要做得比腕圍還寬，或是加上鬆緊帶比較好。

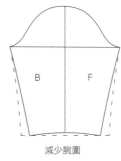

減少腕圍

修改袖圍的方法

①增加袖圍

平均從袖圍線兩端往外增加想加的分量，將袖山降低至符合袖襱長度。

→增寬袖圍的話，袖山就會降低。

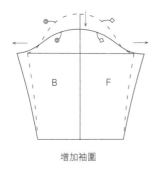

增加袖圍

②減少袖圍

平均從袖圍線兩端往內減掉想要減的分量，將袖山升高至符合袖襱長度。

→減少袖圍的話，袖山就會升高。

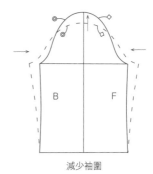

減少袖圍

使上衣和袖子的袖襱長度一致的方法

①當袖襱比上衣長

剪開袖子並重疊縮減多餘的部分。→袖山變低。

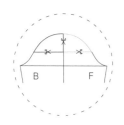 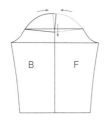

當袖子比上衣長

②當袖襱比上衣短

剪開袖子並展開增加不足的部分。→袖山變高。

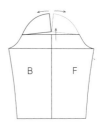

當袖子比上衣短

01

無袖

由於上衣原型是以有袖子為基準而設計的，所以沒有袖子的無袖要將腋下高度提高來畫。

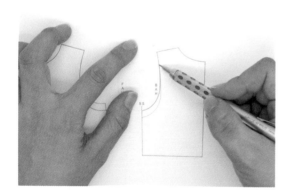

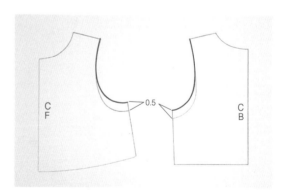

<u>02</u>
公主袖

在袖山或袖口加入皺褶，又稱作泡泡袖、蓬蓬袖（puff sleeves）。

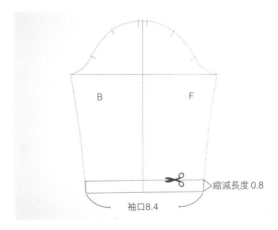

B　　　　　F

縮減長度 0.8

袖口8.4

※將袖子原型的袖口往上縮減0.8cm並做變形。

BASIC LESSON

☺ 在肩膀加入皺褶的公主袖

1 如果想要維持原袖長

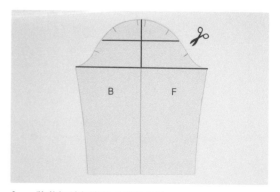

<u>1</u>　將裁切線加在袖山和袖圍上。

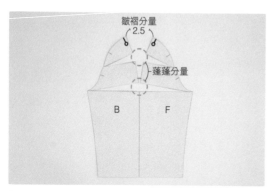

皺褶分量
2.5

蓬蓬分量

<u>2</u>　將裁切線往上展開想要的分量。展開的分量就是皺褶的分量，中間多出來的空間就是袖子隆起的部分。

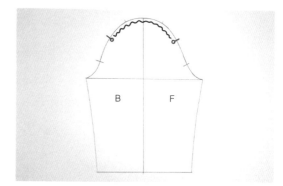

<u>3</u>　修飾成自然的曲線，並標示弧度位置。

2 如果想要增加袖長

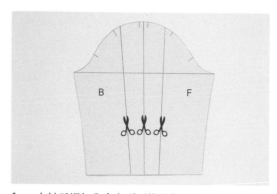

<u>1</u>　在袖子裡加入由上到下的長裁切線。

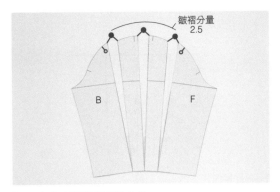

2　在上方展開想要的分量。

3　修飾成自然的曲線，並標示弧度位置。

😊 在袖口加入皺褶的公主袖

1 如果想要增加袖長

1　在袖子裡加入由上到下的長裁切線。

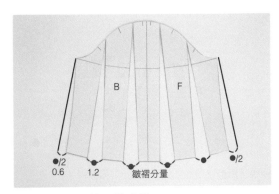

2　在下方展開想要的分量。

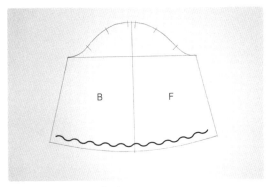

3　修飾成自然的曲線。

2 如果想要維持原袖長

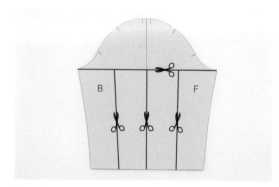

<u>1</u> 　從袖圍往下加入裁切線。

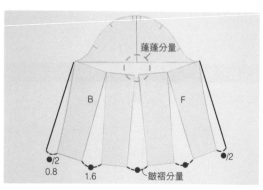

<u>2</u> 　在下方展開想要的分量。下襬展開的分量就是皺褶的分量，中間多出來的空間就是袖子隆起的部分。

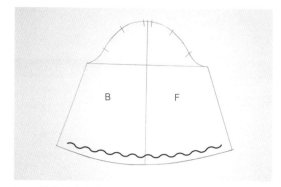

<u>3</u> 　修飾成自然的曲線。

☺ 在肩膀和袖口加入皺褶的公主袖

將袖子原型的袖長修改成短袖。長袖也要進行同樣的步驟。

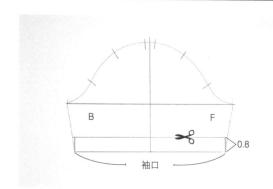

將袖子原型袖口往上縮減0.8cm並做變形。

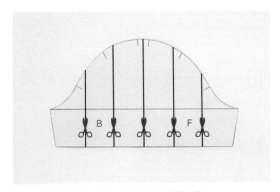

1 在袖子裡加入由上到下的長裁切線。

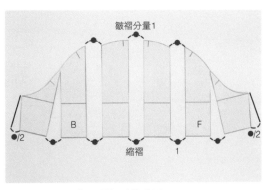

2 在上、下方展開想要的分量。

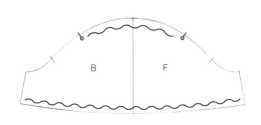

3 修飾成自然的曲線，並標示弧度位置。

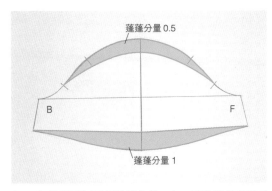

4 如果想再加更多袖子分量，上、下曲線就畫得更往外凸一點。

<u>03</u>

蝙蝠袖

上衣跟袖子連在一起，沒有縫合線，從上衣直接形成袖管的袖子。

法國袖（French sleeves）跟和服袖（Kimono sleeves）都是蝙蝠袖的一種。

主要用在休閒型的上衣。

依照肩線有分成直線蝙蝠袖跟曲線蝙蝠袖，這裡繪製的是直線蝙蝠袖。

製作落肩休閒上衣（p.137）跟雨衣（p.190）時就會遇到曲線蝙蝠袖。

1 後片製圖

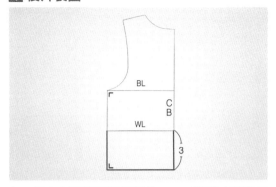

<u>1</u>　將上衣原型下襬往下延長 3 cm，增長為能蓋住屁股的長度。

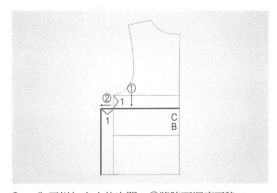

<u>2</u>　為了增加上衣的空間，①將腋下深度下移 1 cm，②再往外增加相同的長度 1 cm。

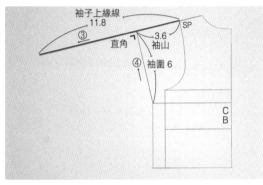

<u>3</u>　③從肩點（SP）延伸畫出一條跟袖長（11.8cm）一樣長的線，作為袖子上緣線。④從腋下頂點以直角往袖子上緣線畫出袖圍，接著測量出袖山長度。這裡的袖山長是3.6cm，袖圍是 6 cm。

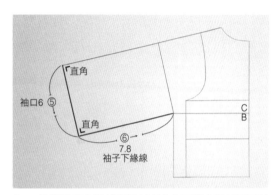

<u>4</u>　⑤從袖子上緣線頂點以直角往下畫出與袖圍同長的袖口。⑥連接袖口頂點跟腋下頂點，完成袖子下緣線。

2 前片製圖

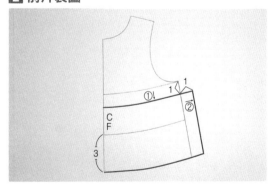

<u>5</u>　用跟後片一樣的方法，將上衣原型下襬往下延長 3 cm，增長為能蓋住屁股的長度。①將腋下深度下移 1 cm，②再往外增加相同的長度 1 cm。

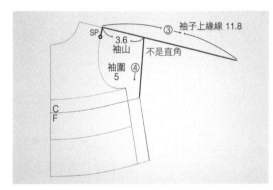

<u>6</u>　③從肩點（SP）延伸畫出一條和袖長（11.8cm）一樣長的線，作為袖子上緣線。④從後片袖子上緣線（3.6cm）的交會點到腋下頂點畫出袖圍線。袖圍線跟袖子上緣線並非呈直角。

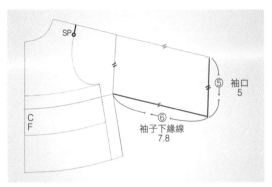

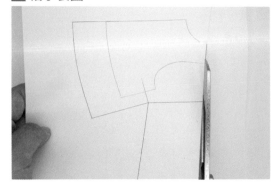

7　⑤從袖子上緣線頂點畫出與袖圍線平行且長度相同（5㎝）的袖口。⑥連接袖口跟腋下頂點，完成袖子下緣線。

8　將畫好的前片及後片沿著袖子上緣線剪下。

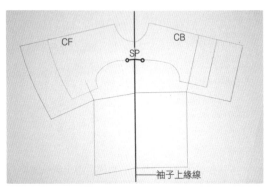

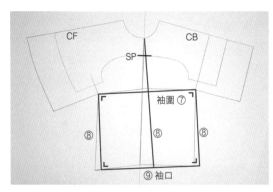

9　將剪下的前片和後片袖子上緣線對齊且合併在一起。

10　⑦將前片和後片的腋下頂點用直線連接起來，畫出袖襬線。⑧從袖襬線以直角畫出袖子上緣線和袖子下緣線。⑨完成袖口。

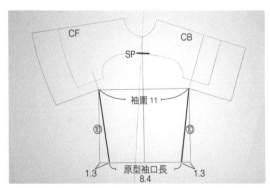

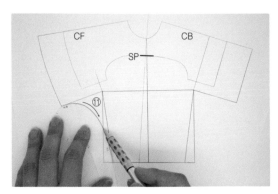

11　⑩留下原型袖口的長度，從兩側平均減掉多餘的長度。袖口長（11㎝）－原型袖口長（8.4㎝）＝需要減掉的長2.6㎝→兩側分別要減掉1.3㎝。

12　⑪用雲形尺自然地畫出袖子下緣線。

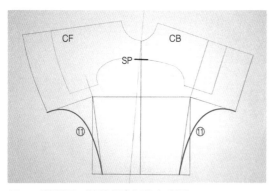

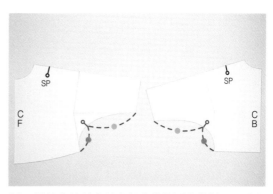

<u>13</u> 兩邊袖子下緣線都畫好的完成圖。

<u>14</u> 測量曲線長度並在任意的位置上做標示,確認前、後片對應的長度是否一致。

TIP

| 直線蝙蝠袖的外形補償 |

在肩線跟袖子下緣線間畫裁切線。重疊想要減少的分量就能調整外形。

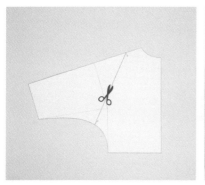

重疊的分量

<u>04</u>

落肩袖

連接袖子的肩點往手臂向下移的袖子就稱為落肩袖。

如果是肩線稍微往下的情況，將袖山往下至肩線要延長的量就可以了，如果是肩線往下很多的情況，

就和上衣合併再製圖。跟蝙蝠袖版型類似，主要用在休閒型的上衣。

依照肩線有分成直線落肩袖跟曲線落肩袖，

這裡繪製的是曲線落肩袖。

1 後片製圖

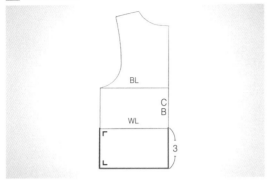

1　將上衣原型下襬往下延長3㎝，增長為能蓋住屁股的長度。

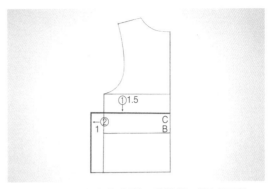

2　為了增加上衣的空間，①將腋下深度下移1.5㎝，②再往外增加1㎝寬。

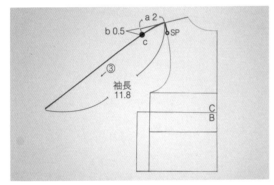

3　為了確定肩膀的角度，從肩點（SP）延長出a（2㎝）並以直角往下延伸出b（0.5㎝），再定出c點。③用自然的曲線從肩點（SP）連接到c點，再往下畫出直線就完成與袖長（11.8㎝）同長的袖子上緣線。

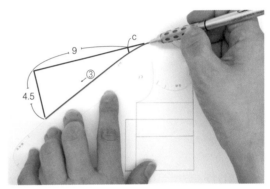

4　袖口頂點是肩線以直線延伸再往下4.5㎝的位置。

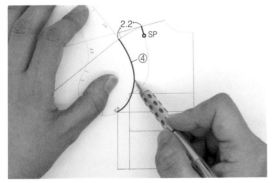

5　④從肩點往下2.2㎝定為新的袖襱線起點，接著畫出新的袖襱線。

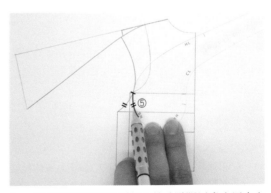

6　⑤在新的袖襱線下端1/3等分點附近畫出反方向的對稱曲線。

7 與原本的袖襱距離（虛線處）約為1.6cm。這個距離越長袖圍就越寬。

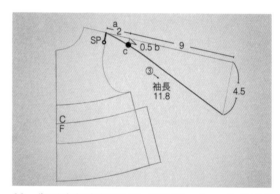

⑥袖圍6
⑦袖口
⑧袖子下緣線
2.6　SP
C
B

8 ⑥從新畫的腋下頂點以直線往袖子上緣線畫，這條線就是袖圍（6cm）。測量出在袖子上緣線與袖圍交會點為止的袖山長度，測量為2.6cm。⑦從袖口頂點以直角往下畫出跟袖圍同長的袖口線。⑧再和腋下頂點連接起來，畫出袖子下緣線。

2 前片製圖

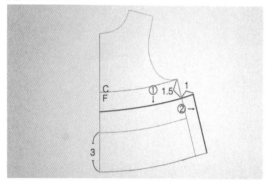

C
F　①1.5　1
②→
3

9 跟後片一樣將衣長往下延長3cm。①將腋下深度下移1.5cm，②再往外增加1cm寬。

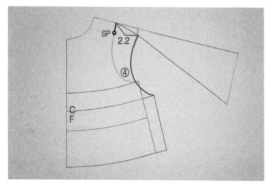

SP
a₂
c　0.5 b　9
③
袖長11.8
4.5
C
F

10 為了確定肩膀的角度，延長出a（2cm）並以直角往下延伸出b（0.5cm），再定出c點。③從肩點（SP）用自然的曲線連接起來，再往下畫出直線就完成與袖長（11.8cm）同長的袖子上緣線。袖口頂點是肩線以直線延伸再往下4.5cm的位置。

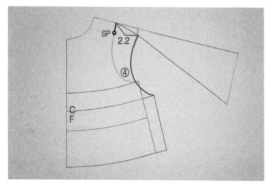

SP　2.2
④
C
F

11 ④跟後片一樣，從肩點往下2.2cm定為新的袖襱線起點，接著畫出新的袖襱線。

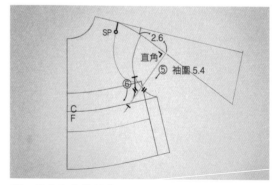

SP　2.6
直角
⑤ 袖圍5.4
⑥
C
F

12 ⑤在和後片袖山同長（2.6cm）的端點以直角往下畫出袖圍線。⑥在新的袖襱線下端1/3等分點附近畫出反方向的對稱曲線，找出與袖圍線交會的點。這裡大約是5.4cm左右。

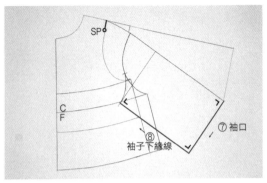

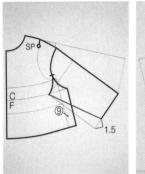 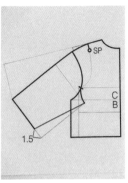

13 ⑦從袖口頂點以直角往下畫出跟袖圍同長的袖口線，⑧再跟上衣的腋下頂點連接起來，完成袖子下緣線。

14 ⑨袖口寬（11.4cm）－原型的袖口寬（8.4cm）＝必須要減掉的寬度（3cm）→兩邊的袖口寬分別減掉1.5cm。

4 將上衣和袖子分開

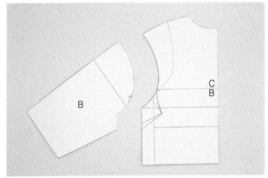 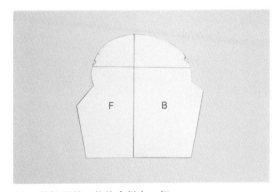

15 前、後片皆沿著袖襱線剪開。剪開之後袖子版型會少一塊袖子和上衣重疊的地方，為了補足這個部分，需要修改袖子版型。

16 將袖子前、後片合併在一起。

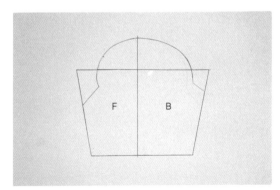 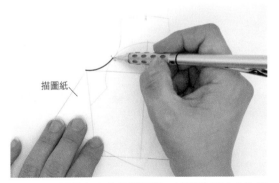

17 描繪在新的描圖紙上，接著延長袖圍及袖子下緣線，直到兩線交會為止。

18 放上描繪有上衣的描圖紙，補齊袖子缺少的部分。

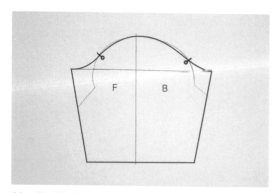

<u>19</u>　將不自然的地方用自然的曲線連接起來。

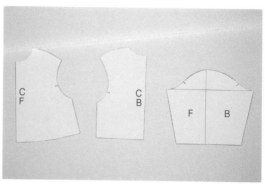

<u>20</u>　完成上衣和袖子的版型。

dolls clothing MAKE

05
連肩袖

沒有區分肩膀和袖子的裁縫線,只有從頸部連接到腋下的連肩縫線。

整體來說,主要是用在休閒的風格。

和落肩袖一樣,用直線延長的方法和肩膀角度往下用曲線延長的製作方法。

這裡先試著繪製曲線連肩版型,直線連肩版型將在連肩 T 恤(p.134)一探究竟。

 BASIC LESSON

曲線連肩袖

1 後片製圖

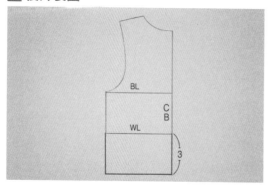

1 將上衣原型下襬往下延長 3 ㎝，增長為能蓋住屁股的長度。

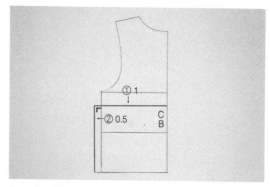

2 為了增加上衣的空間，①將腋下深度下移 1 ㎝，②再往外增加0.5㎝寬。

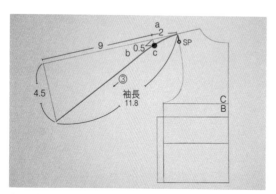

3 為了確定肩膀的角度，延長出 a（2 ㎝）並以直角往下延伸出 b（0.5㎝），再定出 c 點。③用自然的曲線從肩點（SP）連接到 c 點，再往下畫出直線就完成與袖長（11.8㎝）同長的袖子上緣線。袖口頂點是肩線以直線延伸再往下4.5㎝的位置。

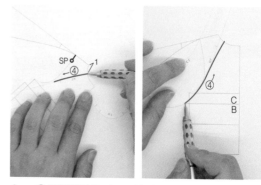

4 ④從側頸點往下 1 ㎝的點連到腋下頂點，畫出新的袖襱線。

○TIP⇒ 需要畫成曲線時，請充分利用雲形尺，自然地畫出來。

5 ⑤將雲形尺翻到背面，畫出與袖襱線下段反方向的曲線。

○TIP⇒ 這時袖襱線和袖緣線之間會產生0.1～0.2㎝的空隙。這麼做的話，不必要的部分都會不見。跟在下著腰圍加入尖褶是相同的原理。

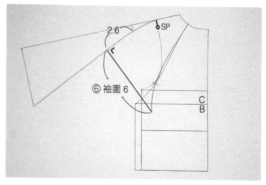

6 ⑥找出從腋下頂點以直角連到袖子上緣線的交會點並畫出袖圍。這裡的長度是 6 ㎝。

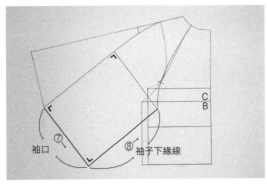

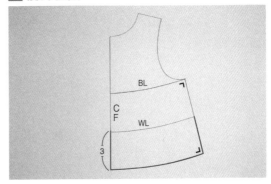

<u>7</u> ⑦從袖口頂點以直角往下畫出跟袖圍同長的袖口線。⑧接著跟腋下頂點連接起來,畫出袖子下緣線。

<u>8</u> 跟後片一樣將衣長往下延長3cm。

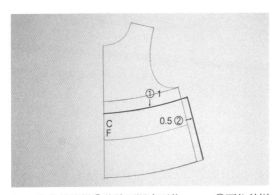

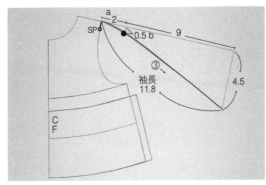

<u>9</u> 像後片那樣①將腋下深度下移1cm,②再往外增加0.5cm寬。

<u>10</u> 跟後片的肩膀角度一致,延長出a(2cm)並以直角往下延伸出b(0.5cm),再定出c點。③用自然的曲線從肩點(SP)連接到c點,再往下畫出直線就完成與袖長(11.8cm)同長的袖子上緣線。袖口頂點是肩線以直線延伸再往下4.5cm的位置。

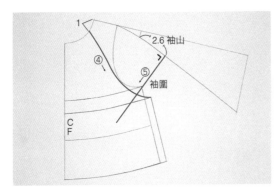

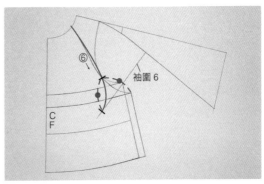

<u>11</u> ④從側頸點往下1cm的點連到腋下頂點,畫出新的袖襱線。⑤從跟後片一樣的袖山底部頂點以直角往下畫,延伸出袖圍線。

<u>12</u> ⑥將雲形尺翻到背面,畫出與袖襱線下段反方向的曲線,並找出與袖圍線交會的點。讓袖襱線和袖緣線之間會產生0.1~0.2cm的空隙。

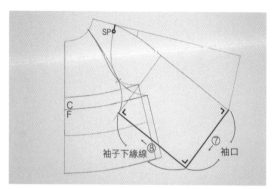

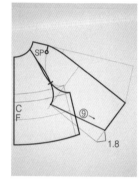

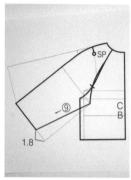

__13__　⑦從袖口頂點以直角往下畫出跟袖圍同長的袖口線。⑧接著跟腋下頂點連接起來，畫出袖子下緣線。

__14__　⑨縮減袖口寬度。
袖口寬（12㎝）－原型的袖口寬（8.4㎝）＝必須要減掉的寬度（3.6㎝）→兩邊的袖口寬分別減掉1.8㎝。

4 將上衣和袖子分開

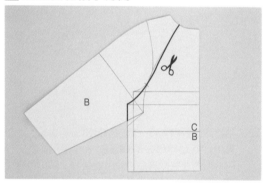

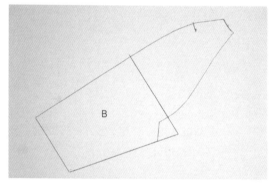

__15__　前、後片皆沿著袖襱線剪開。剪開之後袖子版型會少一塊袖子和身體重疊的地方，為了補足這個部分，必須修改袖子版型。

__16__　描繪在新的描圖紙上，接著延長袖圍及袖子下緣線，直到兩線交會為止。

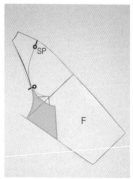

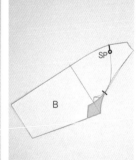

__17__　放上描繪有上衣的描圖紙，畫出袖子缺少的部分。

__18__　袖子前、後片補上的區域。

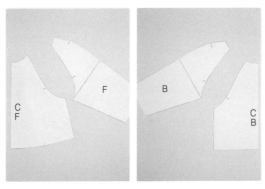 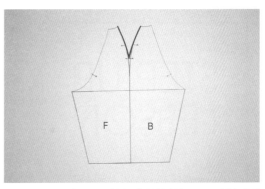

<u>19</u>　完成的連肩袖上衣前片、袖子前片及上衣後片、
　　　袖子後片版型。

<u>20</u>　在把連肩袖前、後片合併的情況下，要從肩點
　　　（SP）畫出尖褶。

dolls clothing MAKE

CHAPTER **2**

STEP UP
LESSON

實戰！打版作業

PART **4**

流行的
娃娃時尚

★〈PATTERN MAKING〉一活用原型的方法
這個部分是展示如何將預先繪製好的原型變形成對應的單品款式。
如果是初學者，可以略過這個部分，直接跳到〈HOW TO MAKE〉。
但是如果對版型變形及設計有很大的興趣，建議您仔細地閱讀此部分。

★〈HOW TO MAKE〉一衣服及配件的製作過程
這個部分是說明布料裁剪完之後的縫製過程。
即使對版型完全沒概念，只要按照步驟做，不管是誰都能輕易地做出衣服和配件！

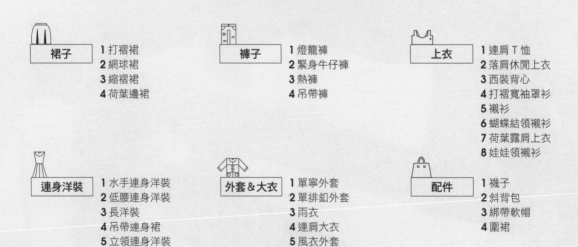

裙子	
1	打褶裙
2	網球裙
3	縮褶裙
4	荷葉邊裙

褲子	
1	燈籠褲
2	緊身牛仔褲
3	熱褲
4	吊帶褲

上衣	
1	連肩 T 恤
2	落肩休閒上衣
3	西裝背心
4	打褶寬袖罩衫
5	襯衫
6	蝴蝶結領襯衫
7	荷葉露肩上衣
8	娃娃領襯衫

連身洋裝	
1	水手連身洋裝
2	低腰連身洋裝
3	長洋裝
4	吊帶連身裙
5	立領連身洋裝

外套＆大衣	
1	單寧外套
2	單排釦外套
3	雨衣
4	連肩大衣
5	風衣外套

配件	
1	襪子
2	斜背包
3	綁帶軟帽
4	圍裙

<u>01</u>

打褶裙

材料 表布30x30㎝、暗釦 3 對

※布料邊緣用防綻液處理

※原尺寸紙型 p.212

✂ PATTERN MAKING ⌐

請參考利用 A 字裙繪製的打褶裙製圖法（p.54～55），後片中心線縫份為 1 ㎝，其他縫份皆為0.5㎝。

1 將 A 字裙長度縮短 1 ㎝。

2 在前、後片中間要打褶的位置畫出裁切線。

3 畫出上寬 1 ㎝、下寬0.5㎝的對褶，為了留暗釦的空間，後片中心線需往外推移0.5㎝。

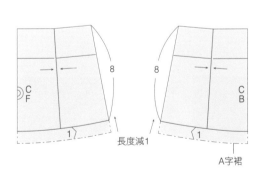

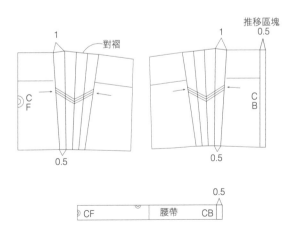

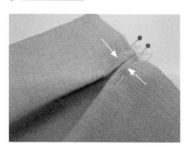

<u>1</u>　後片正面摺出對褶並用珠針固定。

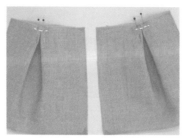

<u>2</u>　將對褶的部分縫好固定。

<u>3</u>　前片也摺出對褶並縫好固定。

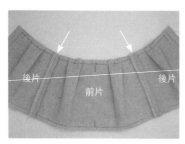

<u>4</u>　將前片和後片的正面對正面貼合並縫合側縫，縫完將縫份分開。

<u>5</u>　下襬摺起來再縫。

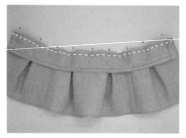

<u>6</u>　腰帶和裙子的正面對正面貼合並沿著腰圍線縫合。

<u>7</u>　將縫份朝上摺。

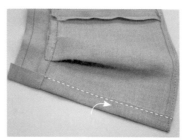

<u>8</u>　將後片中心線的縫份往內摺，除了腰帶之外，底下的都縫起來。

<u>9</u>　將腰帶的縫份往內摺，接著再對半摺並用珠針固定。

<u>10</u>　將腰帶下緣縫合。

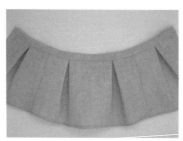

<u>11</u>　縫合腰帶，正面完成圖。

<u>12</u>　縫上暗釦，打褶裙完成！

02

網球裙

材料 表布80x20cm、暗釦 2 對

※布料邊緣用防綻液處理

※原尺寸紙型p.213

✂ PATTERN MAKING

請參考百褶裙製圖方法（p.48～51），後片中心線縫份為1.5cm，其他縫份皆為0.5cm。

1 將百褶裙長度縮短 1 cm，褶襉間距為1.5cm。

2 每個褶襉線之間要加上 2 格寬為1.5cm的褶裡，為了留暗釦的空間，後片中心線需往外推移0.5cm。

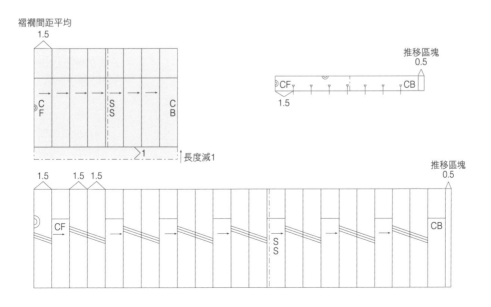

<u>1</u>　將裙擺縫份摺起來再縫。

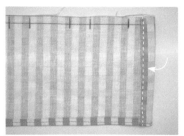

<u>2</u>　後片中心線以0.5cm、1 cm分2次摺好後再縫合。

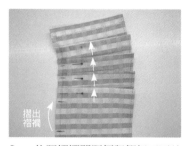

<u>3</u>　依照褶襉間距標記摺好正面並用珠針固定。

<u>4</u>　全部褶襉都固定好。

<u>5</u>　縫合褶襉上半部，縫到版型標示的位置。

TIP　如果不縫上面的話，會變成往外展開的裙子。

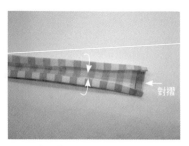

<u>6</u>　將腰帶上、下兩側的縫份摺起來，熨燙後再對摺。

<u>7</u>　腰帶將裙子腰圍縫份包覆住並用珠針固定。

<u>8</u>　壓著腰帶上端縫合。

<u>9</u>　分別在腰帶上和裙子中間縫上暗釦，裙子完成。

<u>03</u>

縮褶裙

材料 表布80x20cm、裡布80x20cm、網紗110x30cm、蕾絲60cm、鬆緊帶19cm、寬1cm的斜紋帶200cm

※布料邊緣用防綻液處理

※原尺寸紙型p.214～215

✂ **PATTERN MAKING** -

請參考細褶裙製圖方法（p.45～47），腰圍縫份1.5cm、加層的網紗裙擺縫份0cm，其他縫份皆為0.5cm。

1 將基本裙長度增長3cm，依照不同的款式決定腰部剪接（yoke）、網紗1、網紗2及裡布的長度。

2 在腰部剪接、網紗1、網紗2及裡布加進想要的皺褶分量。

　這裡是以腰部剪接為原型的2倍、網紗1和網紗2為腰部剪接的2倍、裡布為腰部剪接的1.5倍來決定皺褶分量。

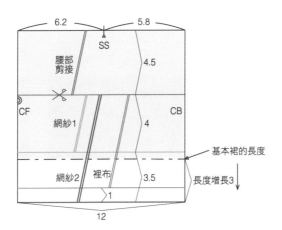

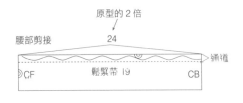

腰部剪接　原型的2倍　24　通道
○CF　鬆緊帶 19　CB

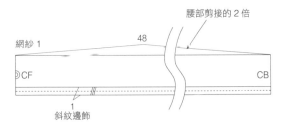

網紗1　腰部剪接的2倍　48
○CF　CB
1　斜紋邊飾

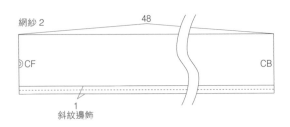

裡布　腰部剪接的1.5倍　36
○CF　CB

網紗2　48
○CF　CB
1　斜紋邊飾

✂ | HOW TO MAKE ────────────────────────────────

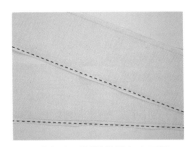

__1__　將裡布下襬縫份摺起來再縫。

__2__　用平針縫縫裡布上方，把線拉緊做出縮褶。

__3__　將做出縮褶的裡布對齊腰部剪接的長度，接著正面對正面貼合再縫合。

__4__　將縫份朝上摺並燙平。

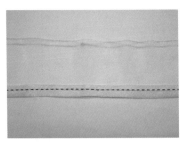

__5__　將寬1cm的斜紋帶分別疊放在2張網紗下襬後縫合。也可以改縫蕾絲。

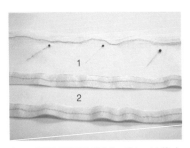

__6__　用珠針固定網紗1和2並將上方縫合，接著把線拉緊做出縮褶。

__7__ 將做出縮褶的網紗縫在連接腰部剪接跟裡布的裁切線上。

__8__ 將蕾絲疊放在網紗上端的縫份後再縫合。

__9__ 兩邊側縫以正面對正面貼合後縫起來，接著將縫份分開。

__10__ 腰圍縫份以0.5㎝、1㎝分2次摺疊並熨燙，接著用珠針固定。

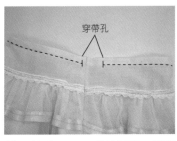

穿帶孔

__11__ 留下2～3㎝的穿帶孔，再將腰圍下方縫起來形成通道。

__12__ 在長度充足的鬆緊帶上預留縫份跟標示19㎝的位置，接著從穿帶孔穿進去並將兩端連接起來。

__13__ 縫合穿帶孔，完成！

dolls clothing MAKE

04

荷葉邊裙

材料 表布60x30cm、暗釦 3 對、鈕釦 4 顆

※布料邊緣用防綻液處理

※原尺寸紙型p.216

✂ PATTERN MAKING

請參考細褶裙製圖方法（p.45～47），前片中心線縫份為 1 cm，其他縫份皆為0.5cm。

1 將基本裙長度縮短1.4cm。裙襬寬增加0.5cm，前、後片分別追加 1 cm的皺褶分量。

2 在下襬往上1.3cm要加上細褶的位置畫線，並追加0.6cm的細褶分量。

3 腰帶以 1 cm為寬，前片中心線為了預留暗釦的空間，需往外推移0.5cm。

4 裙子的前片中心線也需往外推移。決定腰帶上的細褶區間並將皺褶位置標示到側縫。

5 畫出寬1.5cm的荷葉邊下襬。長度需比裙襬長度多60%。前片中心線這端請畫成逐漸縮小的自然圓弧線。

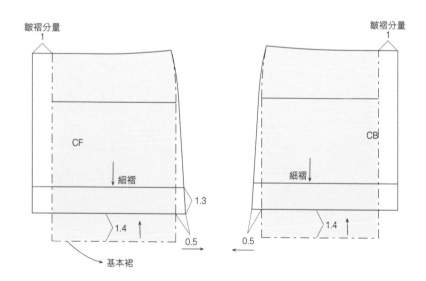

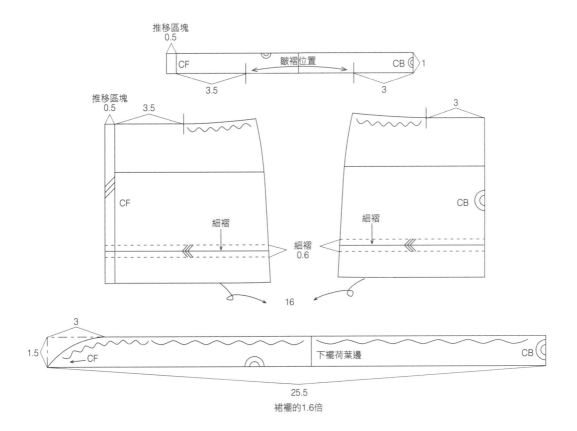

推移區塊
0.5

CF 　　　皺褶位置 　　　CB 1

3.5　　　　　　　　3

推移區塊
0.5　　3.5　　　　　　　　　　3

CF

細褶　　　細褶
0.6

CB

16

3

1.5　　CF　　　　　下襬荷葉邊　　　CB

25.5
裙襬的1.6倍

__1__　將 2 張後片的正面對正面貼合，並縫合後片中心線。

__2__　將後片和前片的正面對正面貼合，並縫合側縫。

前片　後片　後片　前片

__3__　將前片和後片的縫份燙平。

__4__　為了讓荷葉邊下襬正面可以被看到，對半摺之後用平針縫在縫份做縫合。

__5__　把平針縫的縫線拉緊做出縮褶。如果是用縫紉機縫的話，只要拉緊上線或下線其中之一即可。

__6__　在裙子正面下襬的前片中心線兩邊留下 1 cm縫份，放上荷葉邊下襬用珠針固定後縫合。

7 　將縫份朝上摺，並從正面壓著裙襬縫合上邊。

摺痕

8 　在要縫縮褶的位置標示 2 條線，並從兩線中間對摺。

9 　摺好之後，從正面縫標示為縮褶的部分。

10 　將縮褶往下摺並熨燙，確認樣子。

11 　在腰圍要做縮褶的地方縫上平針縫。

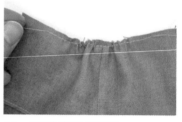

12 　把線拉緊做出縮褶。

腰帶

13 　對齊裙子跟腰帶的長，接著正面對正面貼合，沿著腰圍線縫合。

14 　將縫份朝上摺並燙平。

15 　將前片中心線縫份摺起來並熨燙。可以不縫縫份，改用布用強力膠固定。

16 　先將腰帶的縫份往下摺0.5㎝再對半摺，用珠針固定後縫合下邊。

17 　依序縫上 3 對暗釦。

18 　在前片中心線縫上鈕釦，裙子完成！

01

燈籠褲

材料 表布30x30cm、鬆緊帶19cmx 1 條（腰）及11cmx 2 條（下襬）、蕾絲60cm、蝴蝶結 1 個

※布料邊緣用防綻液處理

※原尺寸紙型p.217

PATTERN MAKING

請參考短褲製圖方法（p.62～64），腰圍縫份 1 cm，其他縫份皆為0.5 cm。

1 將褲子原型前片中心線下移1.3cm、側縫及後片中心線下移 1 cm。

2 剪開前片和後片的褲襠並分別疊合0.5cm。

3 將褲襠線往下及側邊推移得寬鬆一些，接著用自然的曲線連接起來。

4 下襬線和側縫皆以直角往下畫，將前、後片的側縫合併在一起。

5 前、後片分別加進裁切線及2.8cm的皺褶區塊，並用自然的曲線連接起來。

6 在下襬往上1.5cm處及腰圍標示出符合娃娃大小的鬆緊帶長度。

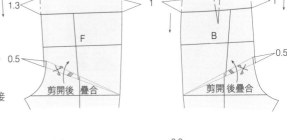

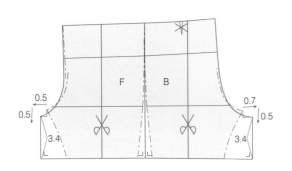

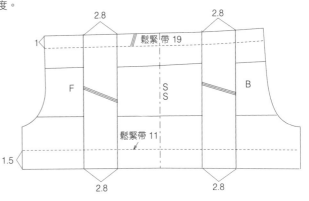

<u>1</u>　剪出一段和下襬同長的蕾絲，接著和褲子下襬正面對正面貼合後縫合。

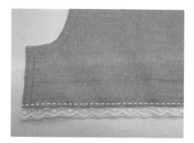

<u>2</u>　為了讓蕾絲露出來，需將縫份往內摺並熨燙，接著從正面再壓著縫一次。

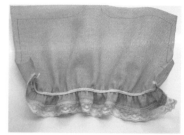

<u>3</u>　在長度充足的鬆緊帶標示11cm的位置，接著縫到下襬反面的鬆緊帶位置。由於鬆緊帶長度比褲子還要短，必須拉長後再縫。

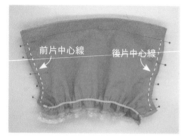

<u>4</u>　左右2張完成後，再正面對正面貼合並將前片中心線和後片中心線縫合。

<u>5</u>　將縫份分開並燙平，為了不要拉扯到，曲線區域必須用剪刀剪開。

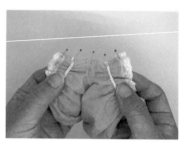

<u>6</u>　前片和後片的正面對正面貼合，下襬用珠針固定後縫合。

<u>7</u>　下襬的縫份也要分開並燙平。

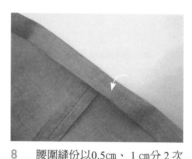

<u>8</u>　腰圍縫份以0.5cm、1cm分2次摺好。

<u>9</u>　後面留下2～3cm的穿帶孔再縫製出通道。

<u>10</u>　在長度充足的鬆緊帶上預留縫份跟標示19cm的位置，接著從穿帶孔穿進去並將兩端連接起來。

<u>11</u>　縫合穿帶孔。

<u>12</u>　縫上蝴蝶結區分前、後，燈籠褲完成！

<u>02</u>
緊身牛仔褲

材料 表布50x40cm、鬆緊帶19cm

※布料邊緣用防綻液處理

※原尺寸紙型p.218

✂ **PATTERN MAKING** --

請使用窄管褲版型（p.59～61），前、後口袋上邊縫份0.8cm，其他縫份皆為0.5cm。

1 剪開裝飾的前口袋，將拉鍊、口袋開口處、側縫等都縫上裝飾線。

2 繪製口袋版型並標示位置在後片上。

3 腰帶照對摺線符號繪製後剪開一邊的側縫。

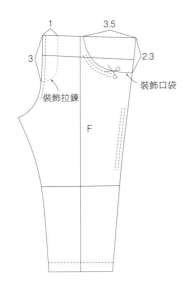

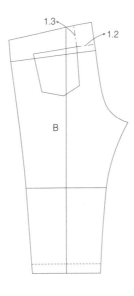

1 先將口袋上方的縫份摺起並縫合，再將其他縫份摺起並燙平。

🔖 TIP 如果布料很厚重，也可以用布用強力膠固定。

2 在後片上標示出口袋縫合的位置，將口袋塗上布用強力膠並固定上去，接著壓著側邊和下方縫合。

3 前片的口袋開口處縫份用剪刀剪開，往反面摺並燙平。

4 將前片疊放在口袋布塊上，並縫上 1～2 條裝飾線。

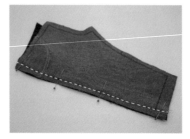

5 將前片和後片面對面貼合並縫合側縫。

6 將側縫縫份分開並燙平，接著在前片正面縫上 1～2 條裝飾線。

7 先將下襬縫份摺起來，再於底部往上0.5cm處縫合。

8 縫合下襬後將縫份分開並燙平。

9 將其中一個褲管翻面，讓 2 個褲管正面對正面貼合並塞在一起。

10 對齊褲襠，從前片中心線縫在後片中心線。

11 將塞進去的褲管拉出來，分開縫份並燙平。為了讓曲線區域的縫份順利擺放，必須用剪刀剪開。

12 翻面後縫上 1 條中心線，另外再縫上裝飾的拉鍊線。

__13__ 將腰帶兩邊連接縫合，再將縫份分開。

__14__ 將腰帶和褲子的正面對正面貼合並縫合腰圍。

穿帶孔

__15__ 先將腰帶剩餘的縫份摺起來，再對半摺並包覆住褲子，接著留下穿帶孔再繞著圈縫出通道。

__16__ 在長度充足的鬆緊帶上預留縫份跟標示19㎝的位置，接著從穿帶孔穿進去並將兩端連接起來。

__17__ 縫合穿帶孔。

__18__ 用砂紙磨出刷色牛仔褲的感覺，完成！

dolls clothing MAKE

03

熱褲

材料 表布50x30cm、鬆緊帶19cm、鈕釦 4 顆

※布料邊緣用防綻液處理

※原尺寸紙型p.219

✂ PATTERN MAKING

請使用窄管褲版型（p.59～61），褲襠縫份0cm，其他縫份皆為0.5cm。

1 為了要有緊身的感覺，窄管褲版型的褲襠要提高0.7cm、後腰圍線要下降0.2cm。

2 側縫長度定為5cm並往外推移0.5cm。下襠線長度定為1.5cm。

3 前片中間及口袋開口處畫出裁切線，後片畫上拼縫線。

4 繪製後口袋版型並標示位置在後片上。

5 腰帶照對摺線符號繪製後剪開一邊的側縫。

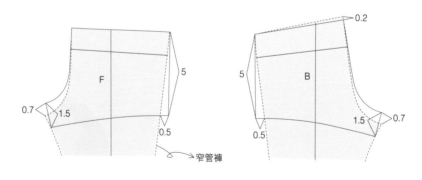

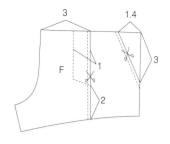

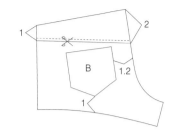

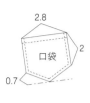

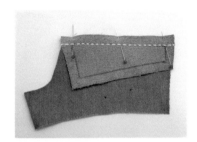

1 先將口袋上方的縫份摺起並縫合，再將其他縫份摺起並燙平。

TIP 如果布料很厚重，也可以用布用強力膠固定。

2 將後腰部位剪接和後片的正面對正面貼合並縫合。將縫份分開或朝腰部剪接摺好後燙平。

3 在腰部剪接正面縫上1條裝飾線，並於後片標示出口袋的位置。

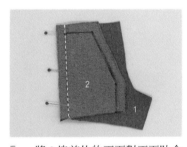

4 將口袋塗上布用強力膠並固定在標示的位置，接著壓著側邊和下方縫合。

5 將2塊前片的正面對正面貼合並縫合。將縫份分開或朝布塊1摺好後燙平。

6 在布塊1正面縫上1條裝飾線。

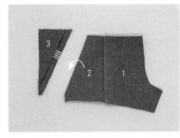

7 將布塊2的縫份往反面摺好燙平，接著放到裝飾口袋的布塊3上面。

8 在布塊2正面縫上1條裝飾線。

TIP 因為裝飾線的關係增加了立體感，變成好像是真的口袋。

9 要縫鈕釦的位置，也縫上裝飾線。

10　將前片和後片的正面對正面貼合並縫合側縫，接著將縫份分開並燙平。

11　下襬也縫合，再將縫份分開並燙平。

正面

反面

12　將其中一個褲管翻面，讓兩個褲管正面對正面貼合並塞在一起。

13　對齊褲襠，從前片中心線縫到後片中心線。

穿帶孔

14　將塞進去的褲管拉出來，分開縫份並燙平。為了讓曲線區域的縫份順利擺放，必須用剪刀剪開。

15　翻到正面並縫上 1 條中心線。

16　將腰帶兩邊連接縫合，再將縫份分開。

17　將腰帶和褲子的正面對正面貼合並縫合腰圍。

18　先將腰帶剩餘的縫份摺起來，再對半摺並包覆住褲子，接著留下穿帶孔再繞著圈縫出通道。

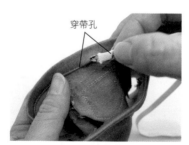

穿帶孔

19　在長度充足的鬆緊帶上預留縫份跟標示19cm的位置，接著從穿帶孔穿進去並將兩端連接起來。

20　縫合穿帶孔。

21　縫上鈕釦並用錐子將下襬做成抽鬚感，牛仔褲完成！

04

吊帶褲

材料 表布50x50cm、口袋裡布20x10cm、鬆緊帶 9 cmx 2 條、D形環 2 個、方形環 2 個、暗釦 2 對

※布料邊緣用防綻液處理

※原尺寸紙型p.220～221

✂ **PATTERN MAKING** ....

褲子下襬縫份為 2 cm，前、後口袋上方縫份為 1 cm，其他縫份皆為0.5cm。

〔上衣〕

1 將上衣原型長度增加1.4cm。

2 從前片前頸點往下 3 cm的點畫出3.5cm的寬，並用曲線畫出側縫。

3 在後片上畫出對應前片的肩帶，並配合前片的腰圍長 7 cm，定出腰帶的長和寬。

4 繪製前片的口袋版型並標示位置。

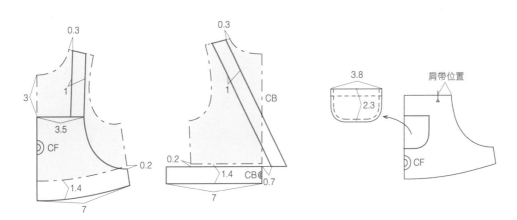

〔肩帶及腰帶〕

1 前片和後片的肩帶從肩線連接並在前片留下放置 D 形環的空間。

2 在腰帶上標示出縫合 X 形肩帶的位置。

〔褲子〕

1 在褲子原型上縮減上衣增長的1.4cm。

2 前片腰圍要加入皺褶分量，所以畫得比上衣稍長一點，後片腰圍則跟上衣一樣長。

3 側縫長度定為11cm並分別增加褲襠長度。

4 為了在褲子下襬放進鬆緊帶，下襬線要對齊直角以直線來畫。

5 決定口袋、拉鍊裝飾線、放置鬆緊帶的位置。

6 為了能夠做出有裡布的口袋，要剪開前片、口袋表布、口袋裡布的版型。

7 後片腰圍也要剪開並加入0.7cm的空間，在和腰帶縫合時就會產生輕微的皺褶。

8 繪製後口袋並在版型上標示位置。

9 下襬的鬆緊帶長度配合娃娃的大腿圍來決定。

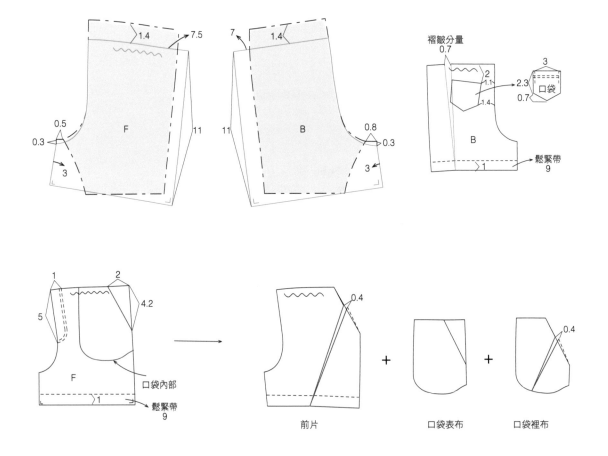

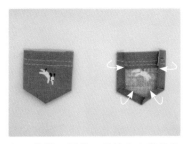

<u>1</u> 先將 2 張後口袋的上方縫份往內摺並縫 1～2 條線，再將其他縫份往內摺並燙平。

<u>2</u> 在兩邊褲管的後片上標示出口袋縫合的位置，並縫合口袋的側邊跟下方。

<u>3</u> 在其中一邊的前片褲襠上縫出拉鍊的裝飾線。

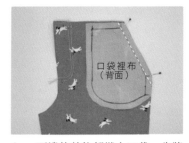

口袋裡布（背面）

<u>4</u> 兩邊的前片都縫上口袋。先將口袋裡布正面對正面貼合並縫合開口處。

<u>5</u> 將口袋裡布翻到後面去，沿著縫線摺疊好，然後在開口處縫上 1～2 條裝飾線。

<u>6</u> 將口袋表布跟前片做臨時固定。

<u>7</u> 沿著口袋表布跟裡布邊緣縫合。

<u>8</u> 將前片和後片的正面對正面貼合，並縫合側縫。

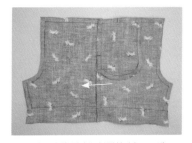

<u>9</u> 如果將縫份分開的話，因為口袋的關係，前面會變很厚。為了放得比較舒適，請將縫份往後疊放。

<u>10</u> 在正面壓著後片側縫的旁邊縫，將縫份固定。

<u>11</u> 將下襬縫份以0.2cm、1.2cm分2次摺疊並燙平，接著從正面縫合，做出讓鬆緊帶通過的通道。

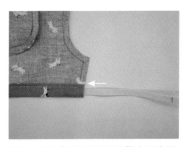

<u>12</u> 在長度充足的鬆緊帶上預留縫份跟標示 9 cm的位置，接著穿入通道。

13 將鬆緊帶兩端固定在下襬兩邊。

14 將左右兩邊褲管的正面對正面貼合並縫合前、後片中心線。剪開縫份再將縫份分開並燙平。

15 將前片和後片的正面對正面貼合後縫合下襠。

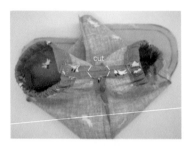

16 用剪刀剪開再將縫份分開。

17 翻到正面後，從前片中心線縫到後片中心線。

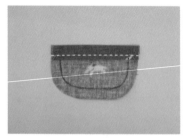

18 將要縫在上衣的前口袋縫份摺好並縫 1 條線。

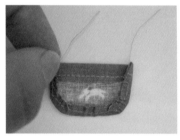

19 寬鬆地縫或用平針縫縫合口袋的側邊和下邊曲線外側。兩端的線頭留長一點且不要打結，一邊拉一邊摺上縫份。

 如果將版型放在裡面熨燙過，會更容易掌握形狀喔！

20 將完成的口袋放在上衣表布並縫合側邊跟下邊。

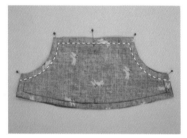

21 將上衣的裡布和表布正面對正面貼合，並縫合上邊。

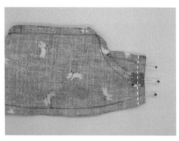

22 將前片縫份的稜角剪掉，並用剪刀剪開曲線區域的縫份。將前片裡布往上摺並和後片的腰帶正面對正面貼合，再縫合側縫。

23 將縫份分開並燙平。

24 另一邊也和側縫縫合並將縫份分開。

<u>25</u>　翻面並熨燙，接著壓著前、後片上方縫合。

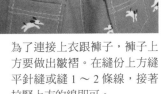

<u>26</u>　為了連接上衣跟褲子，褲子上方要做出皺褶。在縫份上方縫平針縫或縫 1 ～ 2 條線，接著拉緊上方的線即可。

TIP　如果縫 2 條線，拉的時候會比較牢固。

<u>27</u>　為了讓上衣的正面貼合褲子的正面，將上衣套在褲子上，只需將上衣表布的那一層布沿著褲子腰圍縫合。

<u>28</u>　為了讓裡面的縫份包覆住褲子，摺疊後用珠針固定。

<u>29</u>　沿著腰圍整個縫一圈。

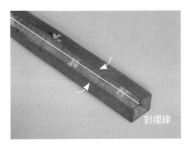

<u>30</u>　將肩帶的縫份往內摺，然後再對半摺。

<u>31</u>　壓住兩邊並縫合。

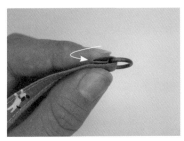

<u>32</u>　穿過12mm的 D 形環並將尾端對摺 2 次。

<u>33</u>　縫合肩帶尾端固定 D 形環，並將肩帶裝飾也穿上去。

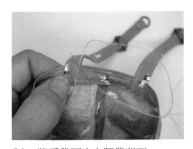

<u>34</u>　將肩帶固定在腰帶背面。

<u>35</u>　將暗釦縫在上衣和肩帶上，完成吊帶褲！

01

連肩 T 恤

材料 表布45x15cm、配色布35x15cm、羅紋布 5 x20cm、暗釦 2 對、轉印貼紙或貼布繡 1 個

※布料邊緣用防綻液處理

※原尺寸紙型p.222

✂ PATTERN MAKING

後片中心線、上衣、袖子的下襬縫份 1 cm，羅紋布兩端縫份0cm，其他縫份皆為0.5cm。

〔上衣變形1〕

1 上衣原型胸圍往外推移0.5cm，再將腋下深度往下0.5cm。

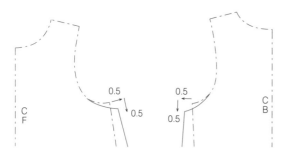

〔羅紋布〕

1 請參考並繪製立領製圖（p.68～69）。

2 配合前、後片頸圍長度的上半部（a、b）進行繪製。

使用彈性很好的布料時，需要畫得比上衣短，而且要做拉伸縫製。

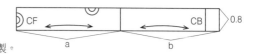

〔上衣變形2〕

1 將前、後片頸圍挖出空間，羅紋布寬度定為0.8cm。

2 衣長延長2.1cm並將側縫變形成 A 形線條。

3 請參考連肩袖版型（p.103～107）並繪製連肩短袖。

　如果肩膀角度不下降以直線來繪製，這樣不加裁切線和尖褶也沒關係。

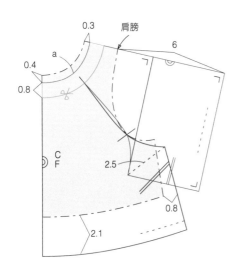
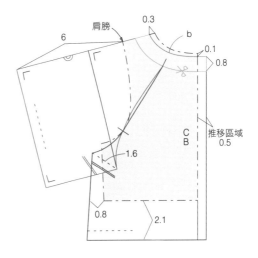

✂ **HOW TO MAKE**

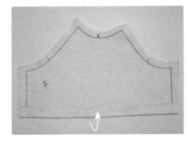

1 將袖子下襬往上褶並燙平。

TIP｜ 如果不能順利固定的話，可稍微塗上一些布用強力膠。

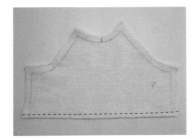

2 將袖子下襬縫合固定。

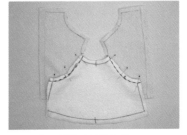

3 將 2 張袖子連接前片。

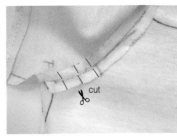

4 將縫份往兩邊翻開時，為了讓袖子好放，需在袖襱區域的縫份上剪幾刀。

5 將袖子連接到後片。跟前片一樣，也要整理縫份。

6 上衣跟袖子連接完成。

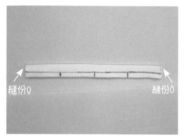

縫份0 ← → 縫份0

7　將脖子的羅紋布對半摺。兩端不要有縫份。

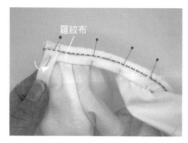

羅紋布

8　將對摺好的羅紋布正面貼合至上衣正面，將後片中心線縫份朝上衣正面摺並蓋住羅紋布，接著沿著頸圍縫合。

9　將後片中心線翻面，讓羅紋布朝上露出來。

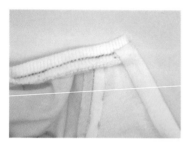

10　背面呈現圖。

11　整理兩邊的後片中心線。

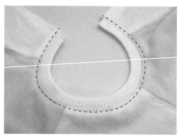

12　將脖子的縫份往上衣那邊摺並燙平，從正面壓著頸圍縫合固定。

cut

13　一次從袖子尾端到下襬將側縫縫合，將縫份分開並用剪刀剪開。

14　從正面壓著後片中心線做縫合固定。

15　將下襬縫份摺起來縫合。

16　將暗釦縫在後片中心線的上、下2處。

17　在前片貼上轉印貼紙或是貼布繡，完成！

02

落肩休閒上衣

材料 表布40x35cm、羅紋布30x20cm、暗釦 3 對、貼布繡 1 個

※布料邊緣用防綻液處理

※原尺寸紙型p.223～224

✂ PATTERN MAKING

脖子、下襬的羅紋布兩端縫份0㎝，後片中心線縫份1
㎝，其他縫份皆為0.5㎝。

〔上衣變形1〕

1 這是蝙蝠袖版型（p.94～97）的變形。降低上衣版型的
  肩膀角度，繪製出想要的樣子。

〔上衣變形2〕

1 將前、後片頸圍挖出空間後，脖子的羅紋布寬度定為
  0.8㎝。

2 胸圍往外推移1.6cm再將腋下深度往下2.8cm。

3 衣長延長4.8cm，側縫往內移0.3cm。

4 延長袖長並畫上裁切線。

5 由於這個款式設計成前片比後片短，所以前片中心線要
  縮減0.5cm。

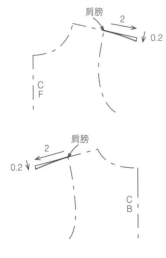

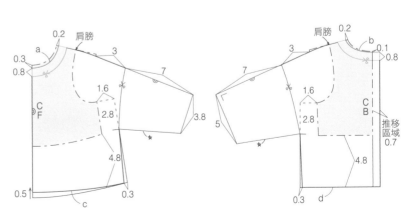

〔下襬羅紋布〕

1 因為衣服下襬繪製得比 c 和 d 還短，所以需要拉伸縫製。

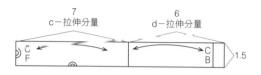

〔頸部羅紋布〕

1 包圍頸圍上面的 a + b 長度基本上是繪製得比上衣短，所以需要拉伸縫製。

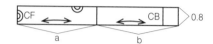

〔袖子〕

1 從上衣前、後片剪下袖子並將肩線合併在一起。為了在裁縫時可以做拉伸縫製，腋下那端要重疊0.4cm再合併。

2 袖子羅紋布也是為了在裁縫時可以做拉伸縫製，長度要畫得比袖口短。

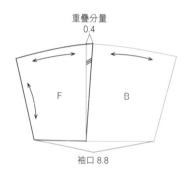

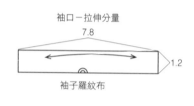

1 將前片和後片的正面對正面貼合並連接肩線，接著將縫份分開並燙平。

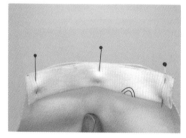

2 袖子和對半摺的羅紋布正面對正面貼合，用珠針固定。

3 由於羅紋布長度比袖子下襬短，輕輕地拉伸再縫合。

4 將縫份朝袖子那邊摺好並燙平，接著從正面壓著縫合。

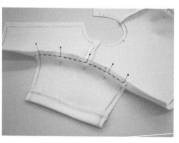

5 確認袖子的前、後片並與上衣縫合。

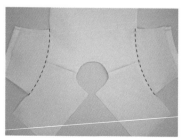

6 將縫份朝上衣方向摺好並燙平，接著從上衣正面壓著縫合，將縫份固定。

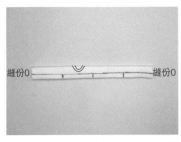

7　將脖子的羅紋布對半摺。兩端不要有縫份。

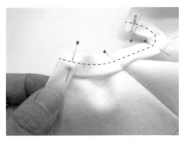

8　將上衣和頸部羅紋布的正面對正面貼合，用珠針固定。將後片中心線的縫份朝上衣正面摺疊，包覆住羅紋布，接著沿著頸圍縫合。由於羅紋布比上衣短，必須拉伸縫製。

9　將後片中心線翻面，讓頸部羅紋布露在上面。

10　兩邊都露出羅紋布，將縫份朝上衣方向摺疊並燙平。

11　從正面壓著縫出頸圍。

12　將上衣和袖子一次縫合。

13　用剪刀剪開側縫縫份，再將縫份分開並燙平。

14　翻到正面，接著將兩端沒有縫份的下襬羅紋布對半摺，放在上衣正面，用跟頸部羅紋布一樣的方法固定。

15　將後片中心線摺好，再沿著下襬縫合。

16　將後片中心線翻面，讓羅紋布露出來，從上衣正面沿著下襬壓著縫合。

17　從正面壓著縫後片中心線縫份，將縫份固定。

18　將暗釦縫在後片中心線上，並在前片貼上貼布繡，落肩休閒上衣完成！

 TIP　如果縫份整理得很好，也可以省略壓縫。

03

西裝背心

材料 表布40x35㎝、裡布35x35㎝、暗釦 1 對、鈕釦 4 顆

※布料邊緣用防綻液處理

※原尺寸紙型p.224～225

PATTERN MAKING

全體縫份0.5㎝

1 將上衣原型衣長延長 3 ㎝並將側縫變形成 A 形線條。在前片中心線增加1.3㎝的門襟空間。

2 挖出充裕的頸圍空間，胸圍往外推移0.6㎝再將腋下深度往下 1 ㎝。

3 原型腰圍往上0.3㎝的地方作為腰的位置，接著畫出公主線（princess line）。後片中心線也要加入尖褶。為了增加後片下襬空間，公主線線條下段必須重疊交叉。

4 如果想要在有尖褶的地方標示口袋位置，在前片開展的公主線線條下段交會處畫上口袋版型。

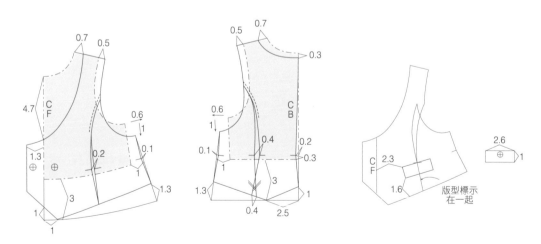

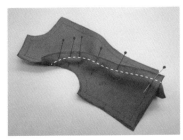

__1__ 　將後片的 2 塊布料正面對正面
貼著縫合。由於有尖褶的曲
線，可用珠針固定或做疏縫，
接著再配合曲線縫合。

__2__ 　留下0.3㎝的縫份並剪開，接著
朝後片中心線方向摺好燙平。

__3__ 　從正面壓著縫，固定縫份。

⊙TIP 5　如果縫份整理得很好，也可以省
略壓縫。

__4__ 　正面對正面貼合後片中心線，
將兩邊縫合。

__5__ 　將縫份朝某一邊摺好，從正面
做壓縫固定。

__6__ 　前片也像後片一樣將兩邊縫
合。

__7__ 　將前片和後片的正面對正面貼
合並縫合肩線。將縫份分開並
燙平。

__8__ 　讓口袋的背面朝外對摺，接著
縫合兩側後再翻面燙平。

__9__ 　標示口袋的縫份線及縫合在上
衣的位置。

__10__ 　將口袋縫在衣服上，接著再往
上摺。

__11__ 　利用鈕釦將口袋固定在衣服
上。

__12__ 　將裡布的各個部分縫合後將縫
份分開。

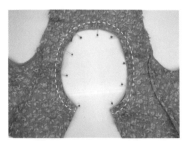

13 將裡布和表布的正面對正面貼合並縫合頸圍，接著剪開縫份。

14 也將袖襱線縫合，接著剪開縫份。

15 用反裡針從肩帶通道做翻面。

TIP 5 沒有反裡針時，可用鑷子翻面。

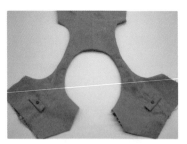

16 將頸圍和袖襱燙平整理好。

17 將表布、裡布各自的側縫用珠針固定後縫合。

18 將縫份分開並燙平。

19 將表布和裡布熨燙後再調整形狀。

20 重新將上衣翻面，讓表布和裡布的正面對正面貼合，留下一個開口後將下襱縫合。

21 翻面之前先剪掉各個稜角。

22 從開口處翻面，接著用藏針縫縫合。

23 在前門襟縫上暗釦。

24 在口袋和衣服縫上裝飾的鈕釦，西裝背心完成！

04

打褶寬袖罩衫

材料 表布50x40cm、暗鈕 3 對、貼布繡 1 個

※布料邊緣用防綻液處理

※原尺寸紙型p.227

全體縫份0.5cm

〔上衣變形1〕

1 請參考上衣原型中的落肩袖製圖法（p.98～102），決定想要的肩膀角度。

2 胸圍往外推移0.5cm，再將腋下深度往下0.3cm。

〔上衣變形2〕

1 挖出充裕的頸圍空間，衣長延長 5 cm。

2 請參考落肩袖製圖法（p.98～102）改作成短袖。

3 後片中心線往外推移0.6cm，並畫出寬總共為1.2cm的裁切線。

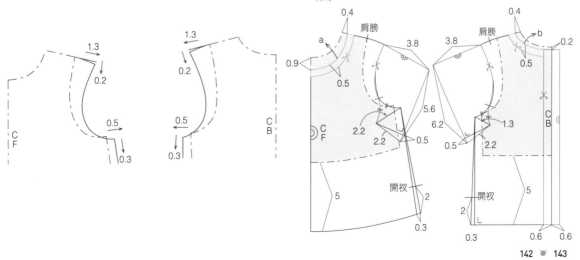

〔領子〕

1 請參考立領製圖法（p.68～69）進行繪製。

2 因為是斜布紋方向所以伸縮性會很好，所以頸圍中的上圍必須加上額外的長度。

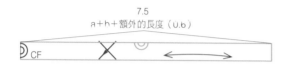

7.5
a＋h＋額外的長度（0.6）

CF

〔袖子〕

1 將上衣前、後片的袖子剪下來，對齊曲線後合併成一個袖子版型。

2 在要打褶的位置加進裁切線，並展開想要的分量。

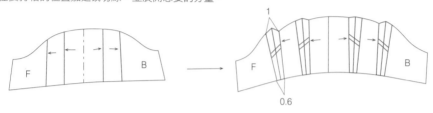

1

F B

F B

0.6

✂ ━ HOW TO MAKE ━━━━━━━━━━━━━━━━━━━━━━━━━━━━━━━━━━━━━

__1__ 將前片和後片的正面對正面貼合並縫合肩線。

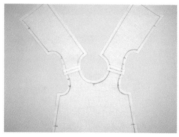

__2__ 將肩膀縫份分開並燙平。

斜布紋對半摺且正面朝外

__3__ 以斜布紋方向剪出領子，將領子對半摺且正面朝外。

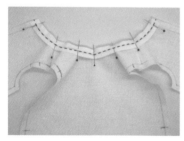

__4__ 將對摺的領子放在上衣上面並縫合頸圍。

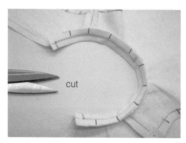

cut

__5__ 將縫份朝上衣方向摺並用剪刀剪開。

__6__ 從正面壓著衣服上端縫合，使領子固定。

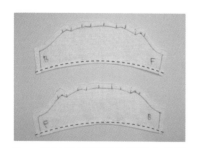

__7__ 將袖子下襬縫份摺起來並縫合。

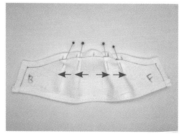

__8__ 按照版型從袖子正面摺出褶襉。

__9__ 將縫份的部分縫合或用平針縫使褶襉固定。

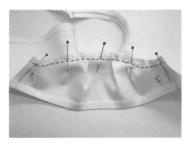

<u>10</u> 確認袖子的前、後片，用珠針或疏縫固定袖襴，對齊曲線後縫合。

<u>11</u> 將縫份朝上衣的方向摺好並燙平。

<u>12</u> 兩邊都縫上袖子，從正面看的樣子。

<u>13</u> 側縫要從袖子縫在上衣的開衩位置。將縫份分開燙平並用剪刀剪開。

<u>14</u> 將下襬縫份摺好並燙平。

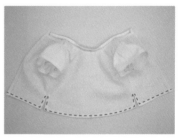

<u>15</u> 從正面沿著下襬和開衩線縫合，使縫份固定。

<u>16</u> 將後門襟加寬區塊的縫份先朝內摺，再對半摺一次，摺好後燙平。

<u>17</u> 將後門襟加寬區塊其中一邊的縫份展開，和上衣正面對正面貼合後縫合。

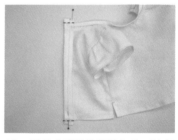

<u>18</u> 從縫合線將後門襟加寬區塊朝縫份方向摺，接著從對半摺的對摺線朝反方向摺，讓後門襟加寬區塊的背面和沒有縫合那邊的縫份朝外，再將上、下兩端縫合。

<u>19</u> 將後門襟加寬區塊翻面，整理縫份並燙平，從正面壓著縫合，使它固定在衣服上。

<u>20</u> 另一邊也用相同的方式連接後門襟加寬區塊。

<u>21</u> 將暗釦縫合在後門襟加寬區塊，前片貼上貼布繡，打褶寬袖罩衫完成！

05

襯衫

材料 表布50x50cm、暗釦 3 對、鈕釦 7 顆

※布料邊緣用防綻液處理

※原尺寸紙型p.226

✂ **PATTERN MAKING** --

前片中心線縫份1.5cm，口袋下方縫份0.8cm，其他縫份皆為0.5cm。

〔上衣變形1〕

1 將上衣原型衣長延長 5 cm並將側縫變形成 A 形線條，接著將下襬改成圓弧形。

2 挖出充裕的頸圍空間，胸圍往外推移0.3cm，再將腋下深度往下0.3cm。

3 在前、後片上畫出肩襠剪接（yoke）線。

4 將前片中心線往外推移0.5cm作為門襟之用，並標示鈕釦位置。

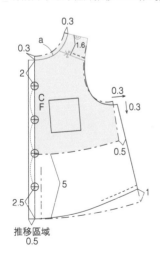

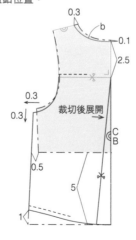

〔上衣變形2〕

1 繪製前口袋並在衣服上標示位置。

2 將肩襠剪接的部分從上衣前、後片中剪下來，對齊肩線合併在一起。

3 在後片中心線加入裁開線並加入 1 cm寬的打褶褶襉。

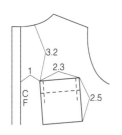  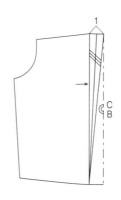

〔領子〕

1 請參考襯衫領製圖法（p.74～77）進行繪製。

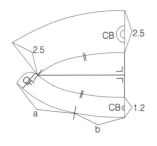

〔袖子〕

1 從袖子原型上剪下0.8cm的袖口（cuffs）並另外繪製版型。

2 對齊上衣並調整袖襬長度，標示出下襬想要加入的打褶分量，接著將打褶分量所增加的寬度平均增加到兩側。

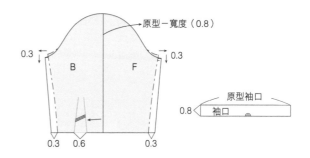

HOW TO MAKE

1 在後片中心線摺出對褶，將縫份的部分縫合固定。

2 將肩襠剪接和上衣後片正面對正面貼著縫合。

3 將縫份朝上摺，從正面將縫份縫合固定在肩襠剪接上。

4 上衣前片和肩襠剪接的正面對正面貼合並縫合肩線，接著將縫份往後摺。

5 從正面將縫份縫合固定在肩襠剪接上。

6 先將前口袋上邊的縫份摺起並縫合，再將其他縫份摺起並燙平。

7 在上衣右邊前片上標示口袋的
縫合位置,接著放上口袋,縫
合側邊及下邊。

8 摺好袖子下襬的打褶並固定。

9 將袖口和袖子的正面對正面貼
合並縫合。

10 先將縫份往袖口方向摺並燙
平,接著將袖口另一邊的縫份
摺好再對半摺。

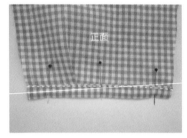

11 從正面壓著縫合,將袖口和袖
子固定。

12 將兩邊的袖子上方縫平針縫,
把線拉緊做出縮褶。

TIP 請注意不要用粗的線來做縮縫。

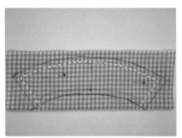

13 將領子頸圍線之外的 3 邊縫上
完成線。

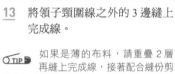

TIP 如果是薄的布料,請重疊 2 層
再縫上完成線,接著配合縫份剪
裁的話會比較方便。

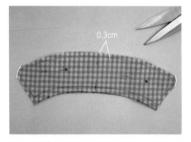

14 將領子頸圍線之外的 3 邊剪成
只留下0.3cm的縫份。將稜角也
剪掉。

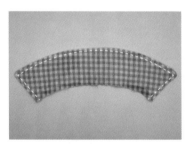

15 將領子翻面並整理好縫份後,
從正面壓著縫合。

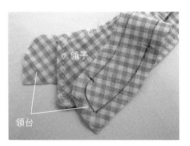

16 將領子放在 2 張領台的正面和
正面之間。

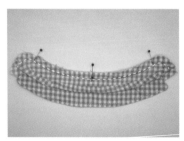

17 只將其中一張領台的縫份摺
好,並繞著縫合頸圍之外的部
分。

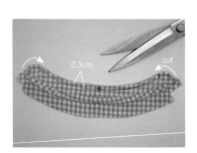

18 留下0.3cm的縫份後裁切。

19 將上衣前片中心線的縫份以0.5 cm、1 cm分2次摺，接著從正面壓著縫合。

20 將上衣頸圍的正面和領台沒有摺疊的縫份正面對正面貼合並縫合。

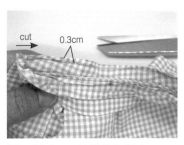

21 留下0.3cm的縫份後裁切。

22 將縫份朝領台方向摺好並燙平。

23 將已經摺好的領台另一邊縫份包覆住上衣的縫份，為了使它不會移動，需要疏縫。

24 沿著領台的四邊縫合，讓它固定於上衣。

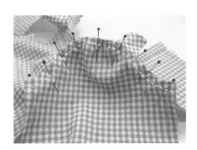

25 確認已經做好的袖子前、後片，再和上衣做縫合。

TIP 曲線很難一次縫好。用珠針或疏縫固定後再縫合。

26 將縫份朝上衣方向摺好燙平。

27 側縫要從袖口頂端一次縫在上衣下襬。用剪刀剪開縫份，再將縫份分開後燙平。

28 將下襬的縫份摺好並燙平，然後再縫合。

29 將暗釦縫在前片中心線上。

30 最後將鈕釦縫在領子、前片中心線、袖口上，完成！

06

蝴蝶結領襯衫

材料 表布60x40cm、暗釦 3 對、鈕釦 3 顆、貼布繡 1 個

※布料邊緣用防綻液處理

※原尺寸紙型p.228～229

⚞ PATTERN MAKING

前片中心線縫份 2 cm，其他縫份皆為0.5cm。

〔上衣變形1〕

1 請參考落肩袖製圖法（p.98～102），從上衣原型決定想要的肩膀角度。

2 胸圍往外推移1.3cm，再將腋下深度往下1.4cm。

→接續到〔上衣變形2〕

〔領子〕

1 請參考蝴蝶結領製圖法（p.78～79）進行繪製。

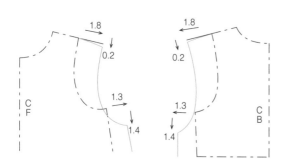

〔上衣變形2〕

1 將前頸圍挖成V字形並標示蝴蝶結的位置。後頸圍則挖成U字形。

2 側縫從開衩處畫出自然的曲線。

3 袖子參考落肩袖製圖法（p.98～102），以娃娃的肘圍長度來畫。

4 為了前片中心線的門襟，必須往外推移並標示鈕釦的位置。

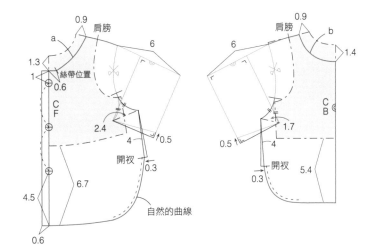

〔袖子〕

1 將上衣前、後片的袖子剪下來，對齊曲線後合併成一個袖子版型。

2 參考公主袖製圖法（p.89～93），並將上、下展開出想要的皺褶分量。

3 在袖子後片加入開衩用的裁切線並標示開衩位置。

4 在袖口兩側加上要打結的絲帶分量並畫出絲帶的版型。

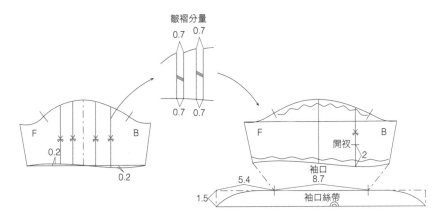

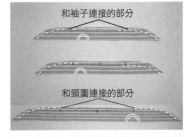

1 將袖口絲帶對半摺並縫合到標示點為止。將領子也對半摺並留下與頸圍線縫合的部分不縫，再縫合到標示點為止。

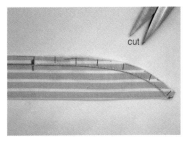

2 曲線部位用剪刀剪開。

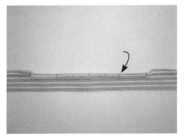

3 將留著不縫的部分縫份摺好並燙平，然後翻面。

4　完成領子和袖口的絲帶。

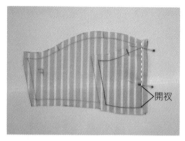

5　將小袖子和大袖子的正面對正面貼合並縫合。留下開衩的部分，只縫合上端。

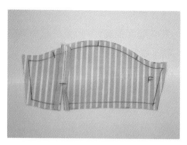

6　將袖子裁切線的縫份剪開。為了讓開衩部分展得更開，縫份要稍微摺寬一點。

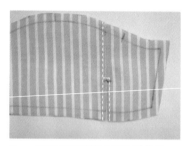

7　從正面壓著縫合做出裝飾線。

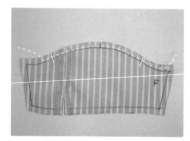

8　在袖山的縫份縫平針縫，接著把線拉緊做出縮褶。

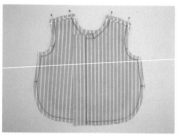

9　將前片和後片的正面對正面貼合並縫合肩線。

10　將肩線縫份往兩邊分開。

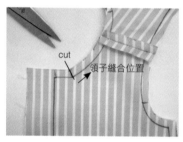

11　用剪刀剪開前片的領子縫合位置。

12　將剪開的前段縫份摺好燙平。

13　將左右兩邊的前片中心線縫份對摺 2 次並燙平。

14　用剪刀剪開頸圍縫份。

15　用領子將上衣的縫份包覆住，並用珠針固定。

TIP　為了不讓摺好的縫份展開。請插上珠針固定。

16 沿著頸圍縫合領子。

17 將做好縮褶的袖子和上衣的正面對正面貼合並縫合。

<small>TIP</small> 確認袖子的前、後片。

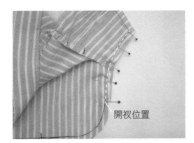

19 將前片和後片的正面對正面貼合，從側縫的開衩位置縫到袖口頂端。

20 將側縫縫份分開並用剪刀剪開腋下區域的縫份。

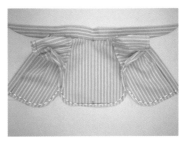

18 用剪刀剪開縫份。

21 為了摺疊下襬曲線區域的縫份，需在縫份縫平針縫。

22 將縫份摺好用熨斗燙平。一邊將曲線區域平針縫的線拉緊，一邊整燙。

23 將下襬縫份摺好後，覆蓋上前片中心線的縫份。

24 依照前頸→前片中心線→下襬的順序從正面將所有區域壓著縫合。

25 袖子下襬留下開衩的部分後縫平針縫，接著把線拉緊做出縮褶。

26 將袖子下襬縫份放進做好的袖口絲帶內，從正面壓著縫合固定。

27 將暗釦縫在前片中心線、鈕釦也縫在正面、貼上貼布繡，完成！

<u>07</u>

荷葉露肩上衣

材料 表布70x35cm、暗釦 2 對、蕾絲120cm、鬆緊帶20cm、胸針 1 個

※布料邊緣用防綻液處理

※原尺寸紙型p.229～230

✂ **PATTERN MAKING**

後片中心線縫份 1 cm，其他縫份皆為0.5cm。

〔上衣變形1〕

1 將上衣原型衣長延長0.5cm，下襬往側邊增加0.7cm變形成 A 形線條。

2 挖出充裕的頸圍空間，參考無袖製圖法（p.88）並將腋下深度提高0.5cm。

3 將後片中心線往外推移0.5cm作為門襟之用。

〔上衣變形2〕

1 為了製造下襬展開的形狀，需各自在前、後片加入裁切線並展開成想要的樣子。

2 分別標示出肩膀荷葉邊和鬆緊帶皺褶的位置。

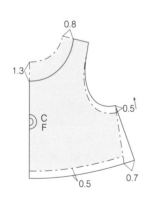
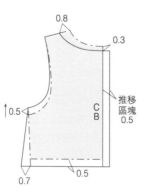
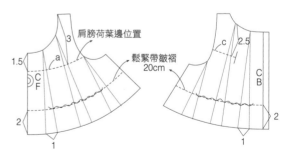

〔肩膀荷葉邊〕

測量娃娃的胸（a）、手臂（b）、背（c）的長度，製圖時加上想要的皺褶分量。

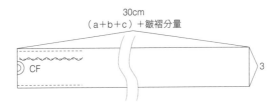

30cm
（a＋b＋c）＋皺褶分量

CF

3

✂ **HOW TO MAKE**

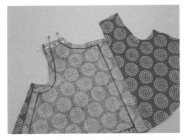

1　將正片和後片的正面對正面貼合並縫合肩線。

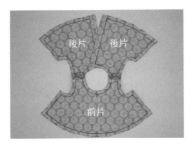

2　將肩膀縫份分開並燙平。

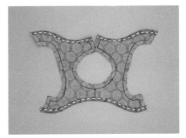

3　用剪刀剪開內表布縫份，將上、下邊縫份摺好並縫合。

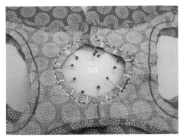

4　將表布和內表布的正面對正面貼合並沿著頸圍縫合。用剪刀剪開曲線區域的縫份並將稜角的縫份剪掉。

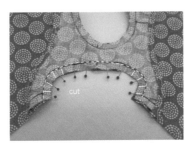

5　將內表布和表布的袖襱縫合。用剪刀剪開曲線區域的縫份。

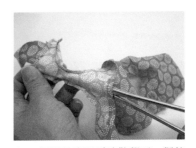

6　反裡針穿過肩線做翻面，調整形狀並燙平。

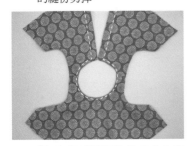

7　從正面沿著頸圍和後片中心線做縫合。

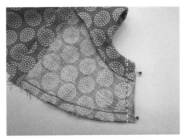

8　將正片和後片的正面對正面貼合並縫合側縫。

9　將側縫縫份分開並燙平。

10　將上衣和蕾絲的正面對正面貼
　　合並沿著完成線做縫合。

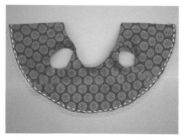

11　縫份朝內摺好並從正面壓著縫
　　合，將蕾絲和縫份固定。

12　準備寬 2 ～ 3 mm的鬆緊帶，長
　　度需比娃娃腰圍少 1 ～ 2 ㎝。

13　在上衣標示縫合鬆緊帶的位置
　　並用珠針固定。

14　一邊拉伸鬆緊帶，一邊縫合在
　　衣服上。

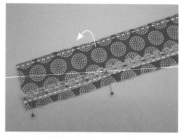

15　將肩膀荷葉邊的上端縫份摺好
　　縫合，下襬則跟上衣下襬一樣
　　縫上蕾絲。

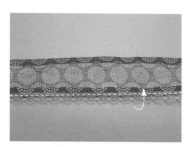

16　將下端縫份朝內摺疊，再縫一
　　次作為固定。

17　由上往下約0.8㎝左右的位置縫
　　平針縫並拉出皺褶。

18　抓出皺褶後的長度到可以包覆
　　娃娃手臂的程度（約25㎝）。

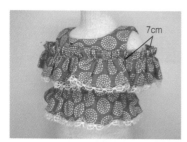

19　將肩膀荷葉邊固定在衣服上。
　　手臂通過的部分要符合娃娃的
　　手臂尺寸（約7㎝）。

20　除了手臂的部分，其餘的部分
　　需從正面再壓著縫合一次。

21　將暗釦縫在後片中心線，再將
　　胸針別在胸部，完成！

08

娃娃領襯衫

材料 表布60x40cm、裡布20x20cm、暗釦 3 對、蕾絲70cm、蝴蝶結絲帶 1 條

※布料邊緣用防綻液處理

※原尺寸紙型p.231～232

✂ **PATTERN MAKING**

後片中心線縫份1.5cm，內表布下襬縫份0cm，其他縫份皆為0.5cm。

〔上衣變形〕

1 將上衣原型前、後片挖出充裕的頸圍空間，並標示領子的縫合位置。

2 胸圍往外推移0.3cm，再將腋下深度往下0.3cm。

3 延長衣長並將側縫變形成 A 形線條。為了使側縫往上切，需將下襬修成曲線。

4 在上衣前片版型畫出加入細褶的位置，裁切後上下皆展開0.4cm。

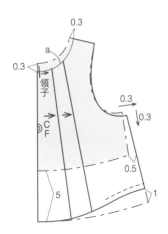

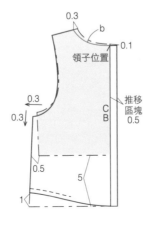

〔領子〕

1 請參考平翻領製圖法（p.70～73）並畫出領子。

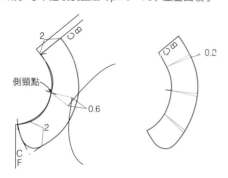

〔袖子〕

1 配合上衣調整袖子原型的袖襱長度，並參考公主袖製圖法（p.89～93）
於上、下加入皺褶及加蓬的分量。分別在上衣和袖子標示皺褶位置。

2 繪製想要的袖口尺寸和寬度。

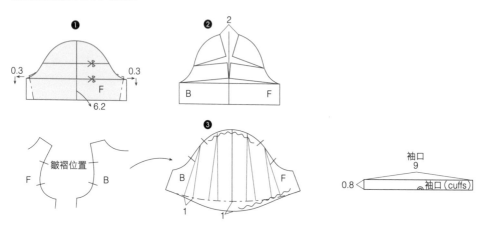

HOW TO MAKE

1 為了作出兩邊袖子上及下的皺
褶而進行平針縫。留下充足的
線頭。

2 拉緊袖子下襱的線，再疊上與
袖口同長的蕾絲，並將蕾絲縫
成正面可朝外。

3 縫上蕾絲的袖子上方跟袖口正
面對正面貼合，一次縫合袖子
＋蕾絲＋袖口。

<u>4</u>　將袖口往下摺並燙平，接著將另一邊的縫份摺起再對半摺。

<u>5</u>　用珠針固定袖口並縫合完成線。

<u>6</u>　兩邊袖子都拉緊下端的線作出皺褶。

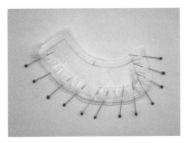

<u>7</u>　在領子裡布正面放上看得到正面的荷葉邊，接著縫合或用平針縫作為臨時固定。

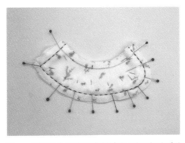

<u>8</u>　將縫合荷葉邊的領子裡布和領子表布正面對正面貼合，並縫合除了頸圍之外的其他三個邊。

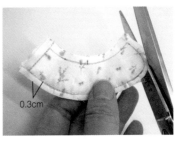

0.3cm

<u>9</u>　領子曲線縫份剪成0.3cm寬，並用剪刀剪開。將縫份的稜角也剪掉。

<u>10</u>　將領子翻面並熨燙，再從正面壓著縫合。

<u>11</u>　為了方便縫出上衣的細褶，必須留著充足的頸部區域布料。

<u>12</u>　從正面沿著細褶標示的位置縫合，做出細褶。

<u>13</u>　按照版型方向將細褶燙平。將頸圍縫份剪成0.5cm寬。

<u>14</u>　將前片和後片的正面對正面貼合並縫合肩線。

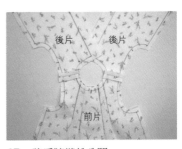

後片　後片

前片

<u>15</u>　將肩膀縫份分開。

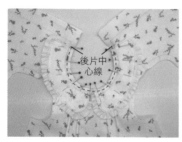

16 將領子從前片中心線放在後片中心線上，用珠針掌握位置並用平針縫固定。

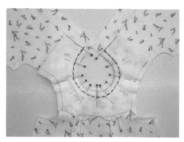

17 將內表布的正面貼合在領子正面，沿著頸圍線縫合。

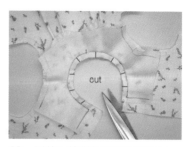

18 用剪刀剪開曲線縫份並翻面。

19 熨燙後確認位置並沿著頸圍縫合。

20 用疏縫將袖子縫在衣服上，接著搭配袖襬曲線縫合完成線。

TIP 5　確認袖子的前、後片。

21 將袖子縫份朝上衣方向摺好並燙平，再用剪刀剪開。

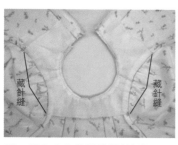

22 將內表布的袖襬縫份摺好並用珠針固定袖子縫份，再進行藏針縫。

23 將前片和後片的正面對正面貼合，側縫要從下襬一次縫在袖口頂端。用剪刀剪開縫份。

24 將側縫的縫份分開燙平後翻面。

25 將下襬的縫份摺好並縫合。

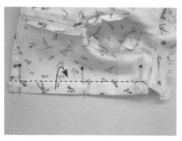

26 將後片中心線的縫份以0.5cm、1cm為間距分 2 次摺疊並壓著縫合。

27 將暗釦縫在後門襟，再將蝴蝶結絲帶縫在前片領子下方，完成！

01

水手連身洋裝

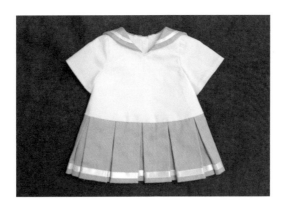

材料 表布50x30cm、配色90x30cm、裡布20x30cm、裝飾緞帶 3 mmx90cm、 6 mmx90cm、暗釦 3 對

※布料邊緣用防綻液處理

※原尺寸紙型p.233～234

✂ **PATTERN MAKING** ---

裙子下襬縫份 1 cm，裙子後片中心線縫份1.5cm，其他縫
份皆為0.5cm。

〔上衣〕

1 將上衣原型的前、後頸圍依照想要的款式做變形。

2 胸圍往外推移0.5cm，再將腋下深度往下0.5cm。

3 延長衣長並畫出腰部的裁切線。

〔裙子〕

1 配合上衣的寬，畫出橫向長為 a ＋ b 、縱向長為 7 cm
的長方形，再畫以 3 cm為間距的裁切線。

2 裁切線之間分別加進 4 個以1.5cm為寬的對褶褶襇。

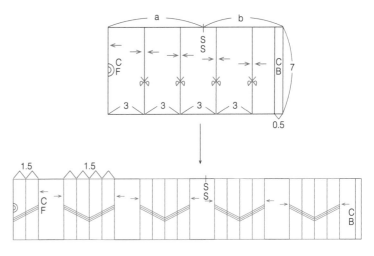

〔領子〕

1 將上衣前、後片的肩點重疊0.6cm，並參考水手領製圖法（p.72～73）來進行繪製。

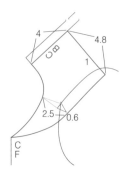

〔袖子〕

1 配合上衣調整袖子原型的袖襱長度，並剪成短袖的長度。

2 為了增加下襬寬度需加進裁切線並展開想要的分量。

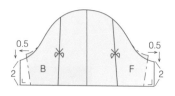

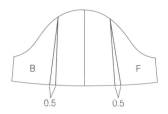

1 將裙襬縫份摺好並縫合。

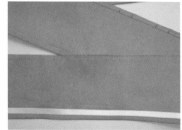

2 裝飾緞帶可用布用強力膠黏合或從正面縫合。

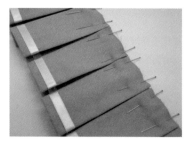

3 按照版型方向從正面摺出對褶。

4 為了使褶襉固定，需將縫份壓著縫合一次。

5 表布前片和後片的正面對正面貼合並縫合肩線。

6 將肩膀縫份分開並燙平。

<u>7</u>　裡布也縫合肩線，並將縫份分開。

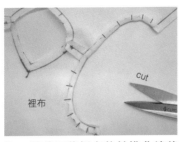

<u>8</u>　用剪刀將裡布的袖襱曲線剪開，並朝裡面褶好燙平。

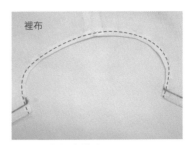

<u>9</u>　沿著袖襱縫合。

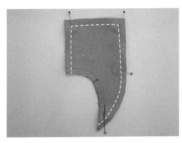

<u>10</u>　將其中一邊的 2 張領子正面對正面貼合並縫合，除了頸圍之外的部分。

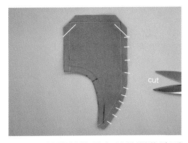

<u>11</u>　剪掉縫份的稜角並剪開曲線區域的縫份。

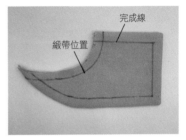

<u>12</u>　翻面並整理縫份，接著標示頸部的完成線以及緞帶縫合的位置。

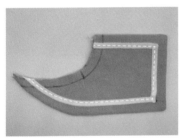

<u>13</u>　裝飾緞帶可用布用強力膠黏合或是從正面縫合，完成領子。

<u>14</u>　將兩邊領子放在上衣表布正面上，用珠針固定。

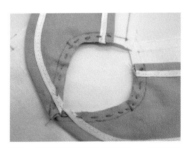

<u>15</u>　用平針縫縫在縫份上，讓領子不會移動。

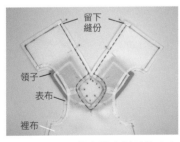

<u>16</u>　將裡布覆蓋在縫合領子的表布上，依序縫合後片中心線→頸圍→後片中心線。後片中心線底下的縫份留著不要縫合。

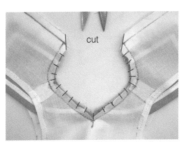

<u>17</u>　用剪刀剪開頸圍縫份，並剪掉縫份的稜角。

<u>18</u>　翻面之後翻開領子用珠針固定頸圍。

19 從正面沿著頸圍線壓著縫合。

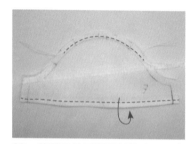

20 將袖子的下襬褶好縫合，上方為了縮縫而縫上平針縫。

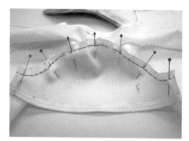

21 把上方的線拉緊形成縮縫，接著縫合在衣服上。

TIP 縮縫時要小心，不要留下褶痕。確認袖子前、後片再縫合。

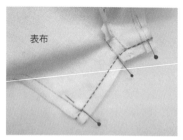

22 側縫要從表布的下襬一次縫到袖口。用剪刀剪開縫份再分開並燙平。

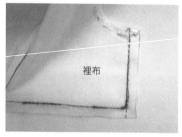

23 也縫合裡布的側縫，將縫份分開並燙平。

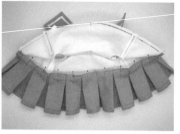

24 將裙子後片中心線的縫份以0.5cm、1cm分2次摺疊，並將上衣表布和裙子的正面對正面貼合，再用珠針固定。

25 縫合上衣表布和裙子。將縫份朝上摺好並燙平。

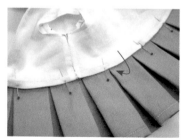

26 將裡布縫份褶成覆蓋住表布縫份的樣子，用珠針固定並進行藏針縫。

27 壓著縫合後片中心線，再將3對暗鈕縫在後門襟，完成！

<u>02</u>
低腰連身洋裝

材料 表布50x50cm、配色50x20cm、裡布40x20cm、鬆緊帶 6 cm x 2 條、暗釦 3 對

裝飾鈕釦 2 顆、蝴蝶結絲帶 2 條

※布料邊緣用防綻液處理

※原尺寸紙型p.234～236

✄ PATTERN MAKING

裙子下襬縫份0.8cm，裙子後片中心線縫份1.5cm，其他縫份皆為0.5cm。

4 在上衣前、後片加進公主線（princess line），並且只在後片裁切線加進尖褶分量。

〔上衣〕

1 將上衣原型的前、後頸圍依照想要的款式做變形。

2 胸圍往外推移0.3cm，再將腋下深度往下0.3cm。

3 延長衣長並畫出腰部的裁切線和裙襬。

〔裙子〕

1 將裙子從上衣剪下，接著參考喇叭裙製圖法（p41～44）加進裁切線，並做出想要的皺褶分量。

2 為了自然地展開，需往斜布紋方向放置，因考量縫合腰圍時拉伸的分量，所以以腰圍線要繪製得比上衣短。

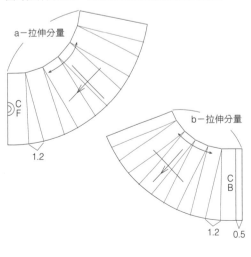

〔袖子〕

<u>1</u> 配合上衣加長袖子原型的寬度，並將腋下深度下降。

<u>2</u> 為了做成蓋住手背的款式，袖長需延長 1 cm並將下襬繪製成 A 形線條。

<u>3</u> 在下襬往上 2 cm處標示鬆緊帶的位置。

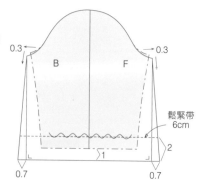

✂ HOW TO MAKE

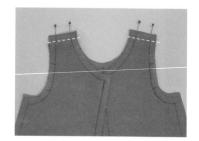

<u>1</u> 將裡布前片和後片的正面對正面貼合並縫合肩線。

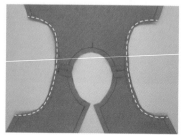

<u>2</u> 將肩膀縫份分開並燙平。用剪刀剪開袖襱縫份，再摺好並縫合。

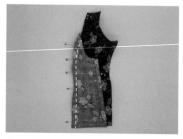

<u>3</u> 將表布後片（共 4 塊）兩塊、兩塊各先縫在一起。

<u>4</u> 將縫份分開並燙平，再用剪刀剪開。

<u>5</u> 表布前片也用相同的方法製作。

<u>6</u> 在前片縫合的位置縫上裝飾線。

<u>7</u> 後片縫合的位置也縫上裝飾線。

<u>8</u> 將表布前片和後片的正面對正面貼合並縫合肩線。

<u>9</u> 將縫份分開並燙平。

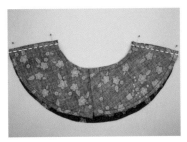

10　將裙子前片和後片的正面對正面貼合並縫合側縫。

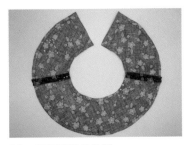

11　將側縫縫份分開。

12　為了摺疊曲線區域的縫份，需在下襬縫份縫平針縫。

13　把線拉緊，將縫份往上摺起。

14　盡量維持一定的縫份寬度，一邊調整形狀，一邊燙平縫份。

15　從正面壓著縫合下襬，將縫份固定。

16　將後片中心線的縫份以0.5㎝、1㎝分2次摺疊並燙平，再從正面壓著縫合，固定縫份。

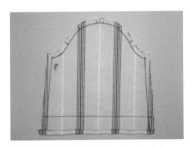

17　將兩邊的袖子下襬褶好縫合。

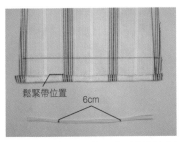

18　準備比娃娃腕圍長一點的鬆緊帶，並標示鬆緊帶的縫合位置。

19　由於鬆緊帶的長度比布料短，所以要拉伸著縫。另一邊的袖子也用同樣的方式縫好。

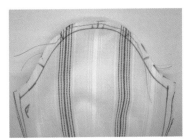

20　為了做出縮縫，袖子上方要縫平針縫。

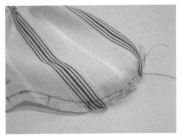

21　把線拉緊做出縮縫。

 TIP　請一邊均勻地分散，一邊做出縮縫！

22　留意袖襴曲線，將兩邊的袖子縫合在上衣表布。

23　將縫份朝上衣方向摺好並燙平，用剪刀剪開腋下區域的縫份。

留下縫份
cut

24　將裡布正面朝表布貼合並依序縫合後片中心線→頸圍→後片中心線。後片中心線下襬的縫份留著不要縫合。用剪刀剪開頸圍縫份，並剪掉後片中心線縫份的稜角。

cut

25　將表布前片和後片的正面對正面貼合，側縫要從上衣一次縫到袖口。用剪刀剪開腋下的縫份，再分開並燙平。

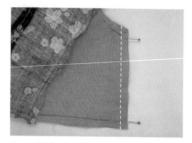

26　裡布也是正面對正面貼合並縫合側縫。

27　將側縫縫份分開並燙平。

28　翻面後將表布和裡布進行燙整。

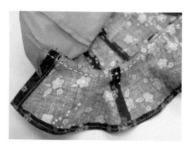

29　將上衣表布和裙子的正面對正面貼合，沿著腰圍縫合。

30　將縫份朝上摺並從正面壓著縫合固定。

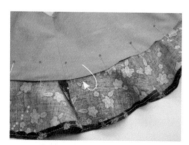

31　將裡布縫份摺好並固定在上衣，接著再進行藏針縫。

32　將 3 對暗釦縫在後門襟。

33　縫上裝飾鈕釦和蝴蝶結絲帶，完成！

03
長洋裝

材料 表布80x40cm、裡布20x30cm、暗釦 3 對、蕾絲20cm

※布料邊緣用防綻液處理

※原尺寸紙型p.237～239

✂ PATTERN MAKING --

裙子後片中心線縫份1.5cm，其他縫份皆為0.5cm。

〔上衣〕

1 由於是蓋過肩膀的無袖款式，需從上衣原型將肩線以曲線延長 1 cm，腋下深度保持原狀。

2 將腰圍提高2.5cm並加上裁切線。

3 頸圍蕾絲的長度是上衣前、後片頸圍的 2 倍再加上縫份。

4 裙子是以腰圍加上皺褶分量為寬及想要的裙長繪製出長方形。

5 在裙子上畫出想要的皺褶分量和位置。

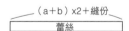

（a＋b）x2＋縫份
蕾絲

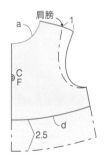

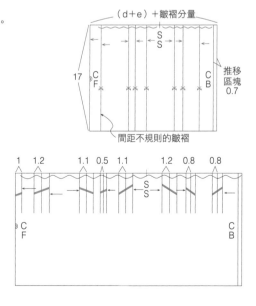

〔袖子〕

1 配合上衣調整袖子原型的袖襱長度，並剪成短袖的長度。

2 繪製出以袖子下襱加上皺褶分量為長的袖子荷葉邊。

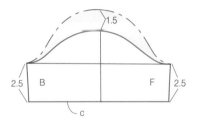
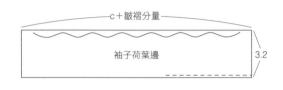

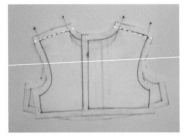

1 將裡布前片和後片的正面對正面貼合並縫合肩線。

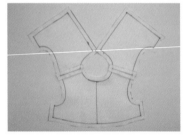

2 將肩膀縫份分開並燙平。

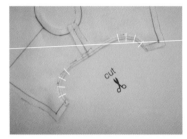

3 用剪刀剪開袖襱縫份，朝內摺好並縫合。

4 將表布前片和後片的正面對正面貼合並縫合肩線，再將縫份分開。

5 為了縫上蕾絲，要用剪刀剪開頸圍縫份。

6 將蕾絲正面貼合在表布頸圍上，並用珠針固定。

7 縫合蕾絲和表布。

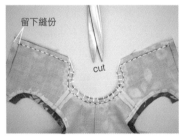

8 將裡布覆蓋在與蕾絲縫合的表布上，依序縫合後片中心線→頸圍→後片中心線。下襱的縫份留著不要縫。用剪刀剪開頸圍縫份及縫份稜角。

9 翻面並熨燙，接著從正面壓著縫合頸圍。

10 將袖子荷葉邊的下方縫份摺好縫合。

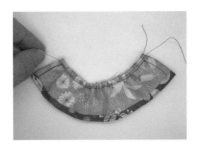

11 將荷葉邊下方縫平針縫，並做出皺褶。

12 將做出皺褶的荷葉邊和袖子正面對正面貼合並縫合。

13 將縫份朝上摺。

14 從正面壓著縫合。

15 確認袖子的前、後片，對齊上衣袖襱的曲線並用珠針固定，接著再將袖子縫上去。

16 為了在翻面可以順利地調整位置，需用剪刀剪開縫份。

17 兩邊都縫上袖子的上衣背面。

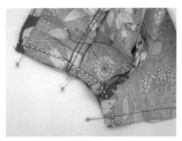

18 將上衣表布和袖子的側縫做縫合。

19 為了讓袖子可順利擺放，需用剪刀剪開縫份，並將它分開再燙平。

20 也將裡布的側縫縫合，縫份朝兩邊分開並燙平。

21 翻面，上衣完成！

22 將裙子下襬和蕾絲的正面對正面貼合並縫合。

23 將縫份朝內摺並從正面壓著縫合。

24 按照版型方向從正面摺出打褶。

25 將後片中心線的縫份以0.5cm、1cm分2次摺疊並燙平。

26 將後片中心線的縫份縫合固定。

27 在裙子腰圍的部分縫平針縫並把線拉緊做出皺褶。

28 將上衣表布和裙子的正面對正面貼合並用珠針固定。

29 沿著腰圍縫合。

30 將縫份朝上衣方向摺疊並燙平。

31 從上衣正面壓著縫合，固定縫份。

32 將裡布縫份摺好並進行藏針縫。

33 將暗釦縫在後門襟，洋裝完成！

04

吊帶連身裙

材料 表布50x30cm、鬆緊帶 6 cm、鈕釦 4 顆

※布料邊緣用防綻液處理

※原尺寸紙型p.240

✂ PATTERN MAKING

裙子下襬縫份1.5cm，其他縫份皆為0.5cm。

1 利用上衣原型繪製，前片要畫胸片和肩帶，後片只要畫肩帶。

2 以原型腰圍為中心畫出寬為 1 cm的腰帶。

3 以腰帶的長度往下延伸畫出裙子前、後片，並在前片裁切線上加入開衩做為裝飾。

4 將腰帶和裙子的側縫合併，也將肩帶和前、後片連接起來繪製。

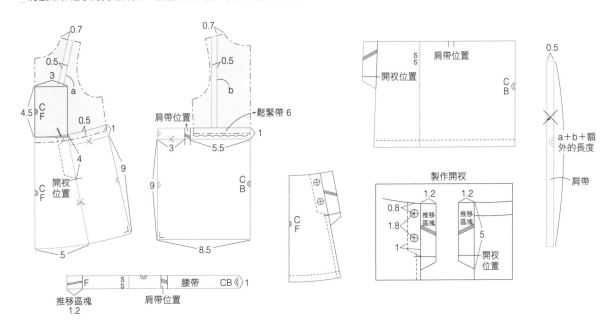

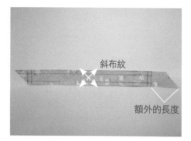

1 肩帶以斜布紋方向剪裁並剪得比版型還要長一點。

2 讓背面朝外對半摺，再縫上完成線。

3 為了能夠翻面，修剪成只留下0.3cm的縫份，將縫份分開並燙平。

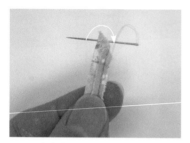

4 將線穿到針上後打結，將肩帶其中一邊縫2針左右做固定。

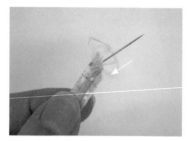

5 將針尾放進通道內並讓針通過通道。

TIP 如果以針頭朝內放會很難拿出來。

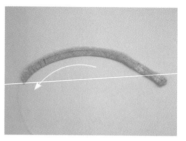

6 針通過後，輕輕地把線拉緊。

TIP 請小心不要把線拉斷！

7 做出2條並將尺寸剪成一樣。

8 將前片上和下的正面對正面貼合並縫合腰圍，接著將縫份朝上摺。

9 將裡布和縫好的表布正面對正面貼合，並縫合除了腰圍以外的三個邊。底下的縫份留著不要縫，並將它往上摺。

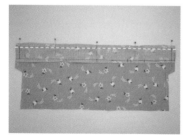

10 將腰帶和裙子後片的正面對正面貼合並沿著腰圍縫合，接著將縫份朝上摺並燙平。

11 將腰帶對半摺並縫合下方做出通道。確保縫合的線有縫在前面的腰帶上。

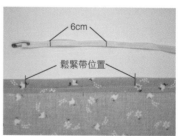

12 確認版型中的鬆緊帶位置後標示出位置。在6cm的鬆緊帶上預留1～2cm的縫份。

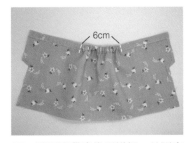

13 將鬆緊帶穿進通道裡，並固定在標示的位置上。

開衩位置

14 將前片和後片的正面對正面貼合，並從開衩的位置縫到下襬。

15 從正面縫上裝飾線。

16 另一邊也用相同的方法縫好。

17 下襬以0.5cm、1cm分2次摺疊後縫合。

18 將前片上半部稜角的縫份剪掉後翻面並燙平。從正面沿著邊緣縫一圈，將表布和裡布固定。

19 用錐子刺出肩帶要通過的洞。

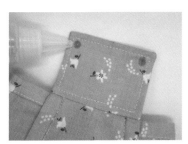

20 在洞口塗上防綻液。

21 肩帶穿過洞後打結。

22 另一端固定在腰帶上。將兩邊的肩帶都以相同方式縫上。

23 縫上鈕釦，完成！

05

立領連身洋裝

材料 表布60x50cm、裡布25x20cm、上衣蕾絲15cm、下襬蕾絲60cm、暗釦 3 對、

裝飾鈕釦 1 顆、玫瑰刺繡裝飾 5 個

※布料邊緣用防綻液處理

※原尺寸紙型p.241～242

✂ PATTERN MAKING

裙子後片中心線縫份1.5cm，其他縫份皆為0.5cm。

〔上衣〕

1 將上衣原型稍微挖出一點頸圍空間，並將無袖的腋下深
度提高0.5cm。後片中心線往外推移0.5cm。

2 畫出肩襠剪接線，並將腰圍往上提高 1 cm。

〔裙子〕

1 配合腰圍確定裙子的寬度，畫上裁切線並加進皺褶分
量。

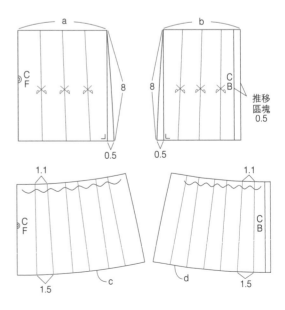

〔領子＋肩膀荷葉邊＋下襬荷葉邊〕

1 參考立領製圖法（p.68～69）並繪製符合頸圍的領子。

2 測量肩襠剪接線的長度，繪製包含皺褶分量的肩膀荷葉邊。

3 繪製裙子下襬底邊加上皺褶分量的下襬荷葉邊。

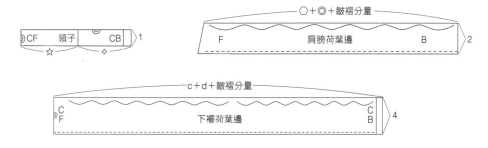

✂ HOW TO MAKE

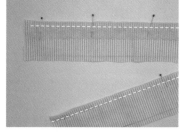

1 將下襬荷葉邊和蕾絲的正面對正面貼合並縫合。

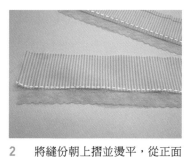

2 將縫份朝上摺並燙平，從正面壓著縫合固定。

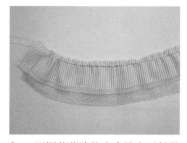

3 下襬荷葉邊的上方縫上平針縫後將線拉緊做出皺褶。

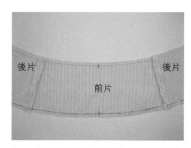

4 將裙子前片和後片的側縫縫合並將縫份分開。

5 將下襬荷葉邊和裙子的正面對正面貼合並縫合。

6 將縫份朝上摺並燙平，從正面壓著縫合。

7 裙子的腰圍縫上平針縫，把線拉緊做出皺褶。

8 將後片中心線以0.5cm、1cm分2次摺疊後縫合。

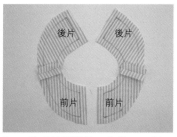

9 將肩襠剪接前、後片正面對正面貼合並縫合肩線，再將縫份分開。

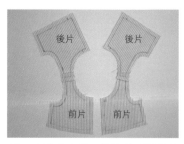

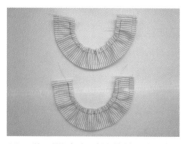

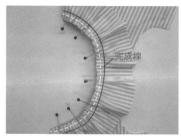

10 也將上衣前、後片的肩線縫合並將縫份分開。

11 將要縫合在肩襠剪接上的肩膀荷葉邊下方縫份摺好縫合，並在上方縫份做出皺褶。

12 將肩膀荷葉邊正面朝上疊放在上衣正面上，沿著完成線線外縫合固定。

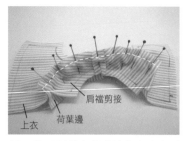

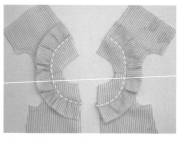

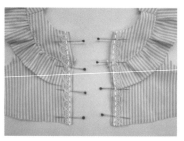

13 將已經縫上荷葉邊的上衣和肩襠剪接的正面對正面貼合並縫合。

14 將縫份朝肩襠剪接的方向摺並燙平，從肩襠剪接正面壓著縫合。

15 將蕾絲正面朝上疊放在上衣前片並縫合固定。

16 將前片小塊布料 1 的正面貼合在已經縫上蕾絲的上衣前片並縫合。

17 將縫份朝 1 號方向，並從正面壓著縫合固定。

18 前片小塊布料 1 號和 3 號也正面對正面貼著縫合。縫份朝 1 號方向摺，並從正面壓著縫合固定。

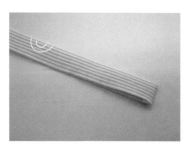

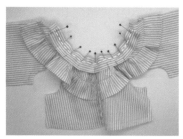

19 將領子背面朝外對半摺，兩端縫合後翻面燙平。

20 將上衣和領子正面對正面貼合並固定。

21 沿著頸圍縫合。

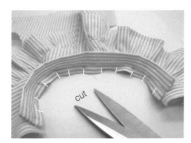

22 用剪刀剪開領子縫份，並將縫份朝上衣方向摺好燙平。

留下縫份

23 裡布的正面貼合在縫上領子的表布正面並依序縫合後片中心線→頸圍→後片中心線。後片中心線底下的縫份留著不要縫合。

24 將袖襱也縫合，接著用剪刀剪開縫份，並將後片中心線和頸部稜角的縫份剪掉。

25 先將裡布底邊的縫份往上摺疊並燙平。

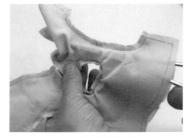

26 用反裡針從肩膀做翻面。

27 整理縫份並燙平。

28 從正面沿著頸圍壓著縫合固定。

29 將裡布、表布各自的正面對正面貼合並固定側縫，縫合之後再將縫份分開並燙平。

30 將裙子和上衣的正面對正面貼合並縫合腰圍。

31 將縫份往上摺好並燙平，接著從正面壓著縫合固定。

32 將裡布縫份摺好並包覆住上衣縫份，再進行藏針縫。

33 將 3 對暗釦縫在後門襟上及裝飾鈕釦縫在領子中間，接著在裙襱加上玫瑰刺繡裝飾，連身洋裝完成！

01

單寧外套

材料 表布50x40cm、配色40x30cm、鈕釦 2 顆、四合釦 4 對、貼布繡 1 個

※布料邊緣用防綻液處理

※原尺寸紙型p.243

✂ PATTERN MAKING --

前片中心線縫份1.5cm，其他縫份皆為0.5cm。

〔上衣變形1〕

1 由於前門襟的部分會變厚，需根據不同的布料厚度增加前片中心線往外的空間。這裡是增加0.5cm的空間。

2 請參考落肩袖製圖法（p.98～102）調整肩膀角度，並將胸圍往外推移 1 cm，腋下深度往下延伸2.5cm，以增加空間。

→接續到〔上衣變形2〕

〔領子〕

1 請參考襯衫領製圖法（p.74～77）進行製圖。

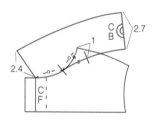

〔下襬〕

1 橫向用和上衣下襬同樣的長度，縱向則用想要的寬度來繪製。

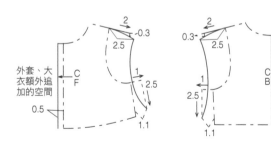

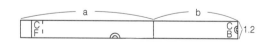

〔上衣變形2〕

1 挖出充裕的頸圍空間並延長長度。

2 利用落肩袖製圖法（p.98～102）完成袖子並另外繪製袖口的圖。

3 在前、後片畫上肩襠剪接線，並在前片標示口袋和裝飾線。

4 在前門襟畫出推移區塊並標示四合釦的位置。

〔袖子〕

1 將繪製好的袖子從上衣前、後片上剪下來，對齊中心線後合併在一起。如果是很有彈性的材質，要先替縫合時會拉伸的這件事做準備，所以要將袖襱重疊0.4cm。如果布料不是很有彈性的材質，不用重疊也沒關係。

2 將袖子裁切線改成開衩用的裁切線，區分出前、後片並標示開衩位置。

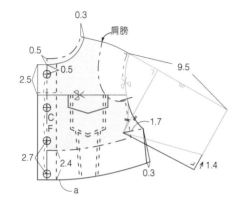

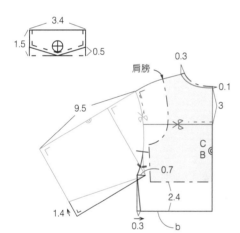

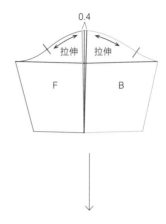

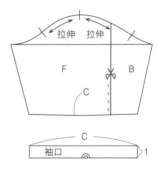

1　將袖子的2塊布料正面對正面貼合並縫合。

2　將縫份分開。

3　從正面縫上裝飾線。

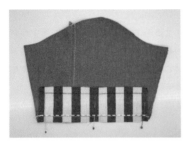

4　將袖子和袖口的正面對正面貼合，並縫合袖子下襬。

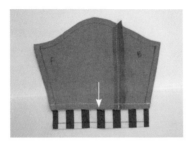

5　將縫份朝袖口方向往下摺並燙平。

6　將袖口縫份摺起並再次對半摺，然後用珠針固定。

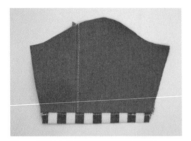

7　從袖口正面壓著縫合固定。

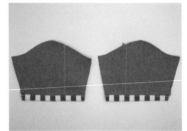

8　另一邊的袖子也用相同的方法來完成。

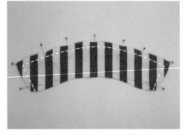

9　將 2 張領子的正面對正面貼合並縫合頸圍以外的三個邊。

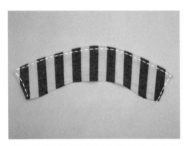

10　將稜角剪掉並用剪刀剪開曲線區域的縫份，縫份整裡好就翻面。調整形狀並燙平，接著從正面縫上裝飾線。

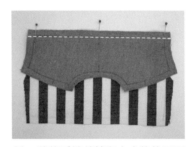

11　將後肩襠剪接和上衣後片正面對正面貼合並縫合肩襠剪接線。

12　將縫份分開並燙平。

13　在肩襠剪接正面縫上裝飾線。

14　將 2 張前口袋的正面對正面貼合，並縫合除了上方以外的三個邊。

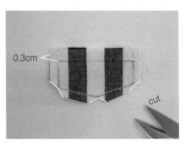

15　由於布料很小，請將縫份修剪後再翻面。

<u>16</u> 先用水消筆在上衣前片上畫出要縫裝飾線的位置。

<u>17</u> 從正面縫上裝飾線。

<u>18</u> 將做好的口袋放在上面，先固定縫份的部分。

<u>19</u> 將前肩襠剪接正面貼合在已經縫上口袋的前片正面並縫合。

<u>20</u> 將縫份分開並從肩襠剪接正面縫上裝飾線。

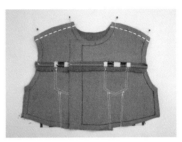

<u>21</u> 將前片和後片的正面對正面貼合並縫合肩線。

<u>22</u> 將肩膀縫份分開並燙平。

前片中心線

縫份

<u>23</u> 確認領子縫合的位置，在縫份上進行疏縫。

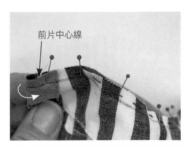

前片中心線

<u>24</u> 將前段的縫份從完成線摺到領子上。

🔒TIP5 請注意不要從前片中心線摺！！

<u>25</u> 沿著頸圍將領子和上衣縫合。

<u>26</u> 將前門襟翻面，並將領子往外拉出，接著用剪刀剪開頸圍縫份。

<u>27</u> 從正面依序縫合前門襟→頸圍→前門襟。

28　固定前門襟，同時再多縫一條裝飾線。

29　確認袖子的前、後片再貼合在上衣袖襱並對齊曲線，先用珠針或疏縫固定再縫合。

30　從上衣正面縫上裝飾線。

31　將上衣和袖子的側縫縫合，並用剪刀剪開縫份。

32　將側縫縫份分開並燙平。

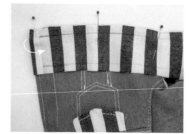

33　將下襱的門襟縫份往內摺，接著和上衣的正面對正面貼合並用珠針固定。

34　將下襱和上衣縫合。縫份朝下襱方向摺並燙平。

35　將下襱縫份摺起後再摺一次，接著用珠針固定，從正面壓著縫合使下襱固定。

36　將4對四合釦縫在前門襟上、鈕釦縫在口袋上、貼布繡貼在袖子上，完成！

 TIP　如果沒有四合釦，縫暗釦或鈕釦也沒關係。

02
單排釦外套

材料 表布60x50cm、裡布50x40cm、鈕釦 6 顆、暗釦 3 對
※布料邊緣用防綻液處理
※原尺寸紙型p.244～245

✂ PATTERN MAKING

表布下襬及袖子下襬縫份 1 cm，裡布下襬縫份0cm，其他縫份皆為0.5cm。

〔上衣變形1〕

1 由於前門襟的部分會變厚，上衣原型必須從前片中心線往外增加空間。根據不同的布料厚度來調整分量。

〔上衣變形2〕

1 挖出充裕的頸圍空間，肩膀、胸圍和腋下深度全部都增加充裕的空間。

2 衣長延長 5 cm，並在上衣前、後片加入裁切線。

3 在後片裁切線放入0.3cm的尖褶分量，為了讓臀部有充裕的空間，尖褶底下必須繪製成重疊交叉。

4 畫出前片中心線往外推移 1 cm的區塊，參考下一頁的圖片，畫出領子摺線。

外套、大衣額外追加的空間

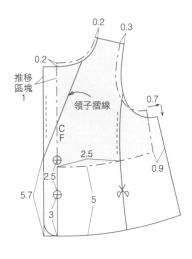

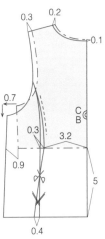

〔領子摺線〕

1 將已修正過的側頸點往前延伸0.5cm的點和
領子底端以直線連接起來。

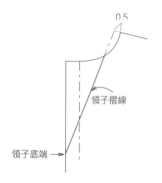

〔袖子〕

1 配合上衣調整袖子原型的袖襱長度,並增加袖口的寬
度。

2 在袖子後片加上裁切線,區分出前、後片,再從中間裁
開並摺疊0.7cm,變形成彎曲的袖子。

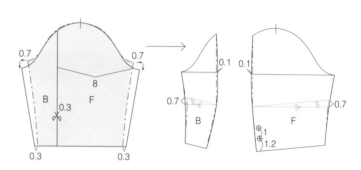

〔領子〕

1 領子請參考襯衫領製圖法(p.74~77)進行繪製。

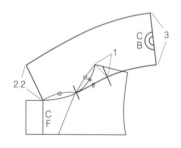

〔口袋〕

1 繪製口袋並在上衣標示出位置。

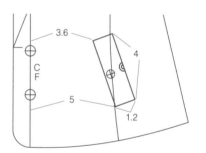

HOW TO MAKE

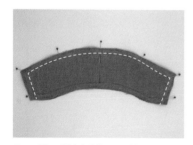

1 將2張領子的正面對正面貼合
並縫合頸圍以外的三個邊。剪
掉稜角縫份並剪開曲線區域的
縫份。

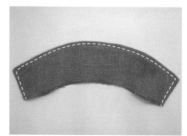

2 將領子翻面燙平,將邊緣壓著
縫合固定。

3 將3小塊後片縫合並將縫份朝
中間摺好燙平。

 TIP 如果是厚的布料,請將縫份分開
再燙平。

4 從正面壓著縫合，並將縫份固定。

5 前片也兩塊、兩塊各分別縫合，將縫份朝中間摺好。

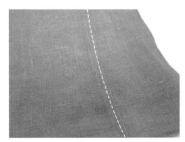

6 從正面壓著縫合，並將縫份固定。

7 將前片和後片的正面對正面貼合，縫合肩線並將縫份分開。

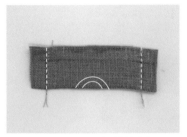

8 將前口袋背面朝外對半摺，兩邊縫合後翻面並燙平。

9 在上衣標示口袋的縫合位置後縫上口袋。

10 往下翻摺之後再縫一次。

11 將後片裡布的尖褶往內摺疊並縫合。

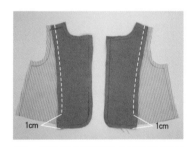

12 前片裡布和前片內表布的正面對正面貼合並縫合，一直縫到下襬往上 1 cm 的位置。

13 將前、後片裡布的正面對正面貼合並縫合肩線，亦將縫份分開。

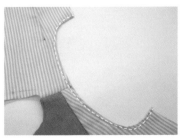

14 用剪刀剪開裡布袖襱縫份，往內摺並燙平，接著再壓著縫合，將縫份固定。

15 將袖子前片和袖子後片的正面對正面貼合，縫合之後將縫份朝前片方向摺並燙平。

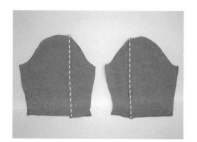

16 從袖子前片正面壓著縫合固
定。

17 將下襬縫份摺好燙平並縫合固
定。

🔖 TIP 也可以用布用強力膠固定。

18 用平針縫縫袖山縫份,再把線
拉緊讓袖山縮起來。

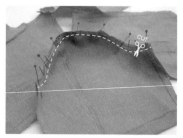

19 確認袖子的前、後片並固定在
衣服上,對齊袖襱曲線後再縫
合。用剪刀剪開腋下區域的縫
份。

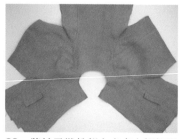

20 將袖子縫份朝上衣方向摺好燙
平。

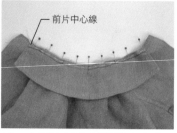

21 在領子上標示頸圍的完成線,
接著放在表布上用疏縫固定。

22 將裡布正面貼合,再縫上領子
的表布正面,從前片下襬縫份
是0.5cm的位置開始,依序縫合
右前緣→頸圍→左前緣。

23 一直縫到左邊前片下襬縫份是
0.5cm的位置。

24 將曲線區域和稜角的縫份剪掉
或剪開。

25 將上衣和袖子的側縫縫合,用
剪刀剪開腋下區域的縫份。

26 將側縫縫份分開並燙平。

27 將裡布的側縫縫份縫合。

<u>28</u>　將縫份分開並燙平。

<u>29</u>　對齊裡布和表布的下襬並用珠針固定。

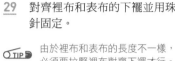

TIP　由於裡布和表布的長度不一樣，必須要拉緊裡布對齊下襬才行。

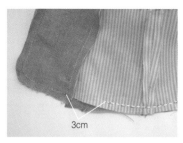

<u>30</u>　從兩邊的內表布邊緣開始留下3㎝左右不縫，再將下襬縫合。

<u>31</u>　用剪刀剪開頸圍縫份，再從袖襬將外套翻面。

<u>32</u>　將兩邊還沒縫合的下襬往內摺好，用藏針縫縫合。

<u>33</u>　固定裡布和表布的袖襬。

<u>34</u>　縫上暗釦和鈕釦，外套完成！

03

雨衣

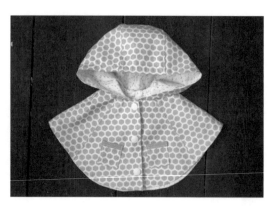

材料 防水表布70x50cm、裡布50x60cm、配色10x10cm、塑鋼釦 3 對

※布料邊緣用防綻液處理

※原尺寸紙型p.246～249

✂ PATTERN MAKING

口袋上邊縫份 0 cm，其他縫份皆為0.5cm。

〔上衣變形1〕

1 請參考蝙蝠袖製圖法（p.94～97）調整肩膀角度並將肩線
  延長成跟袖長一樣。

2 衣長也延長，並用自然的曲線將下襬連到袖子。

3 在前、後片加入裁切線並繪製前片上的口袋。

4 畫出前門襟的區塊，並標示鈕釦位置。

〔上衣變形2〕

1 因為是穿在衣服上的外套，需要在頸圍加入裁切線，新
  增一些空間。

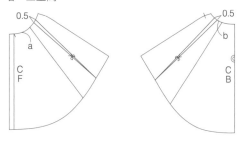

〔連帽〕

1 請將連帽領製圖法（p.84～85）第二種原型新增0.5cm
  的外套空間。

2 確認因為上衣變形而變動的頸圍長度，並標示開衩的位
  置。

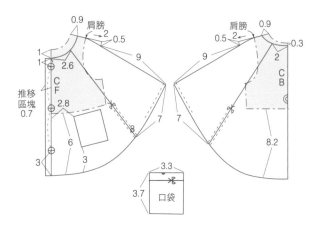

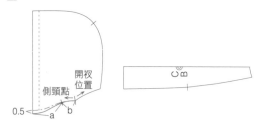

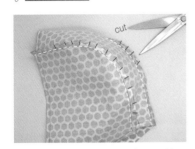

1　將 3 張連帽表布縫合並用剪刀剪開縫份。

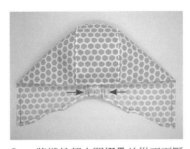

2　將縫份朝中間摺疊並從正面壓著縫合固定。

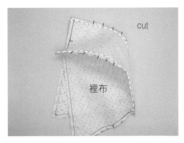

3　將 3 張裡布也縫合後用剪刀剪開縫份。

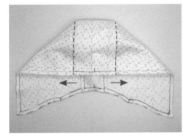

4　為了不要讓縫份都重疊在一起，將裡布的縫份朝兩旁摺疊，再從正面壓著縫合。

5　將表布和裡布的正面對正面貼合，用夾子固定。

TIP　因為防水布料會留下孔洞，所以禁止使用珠針！

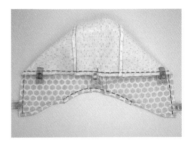

6　留下兩邊的頸圍後縫合其他邊緣。

7　用剪刀剪開曲線區域後翻面，在連帽曲線上縫 1 ～ 2 條裝飾線。

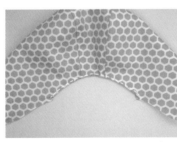

8　也將後頸圍從正面壓著縫合固定。

9　將後片 3 小塊的正面對正面貼合並縫合，再將縫份分開。

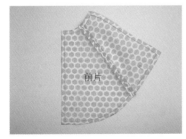

10　前片也兩塊、兩塊的將正面對正面貼合並縫合，再將縫份分開。

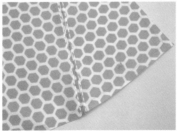
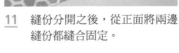

11　縫份分開之後，從正面將兩邊縫份都縫合固定。

TIP　由於防水布料用熨燙來固定的效果不好，所以建議用縫的。

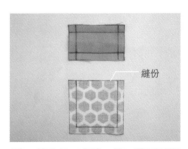

12　剪裁前口袋時，袋口邊不要留縫份。

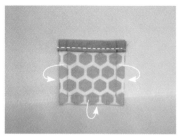

13　將口袋裝飾的縫份摺好再對半摺，接著包覆到口袋的袋口邊，縫合下方固定。將剩下的縫份朝內摺好並燙平。

14　在前片上標示口袋的位置，再沿著側邊及下方縫合。

15　將前片和後片的正面對正面貼合並縫合肩線。

16　將肩膀縫份分開並從正面壓著縫合。

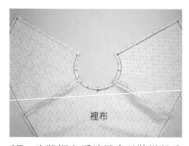

裡布

17　也將裡布肩線縫合並將縫份分開。但是沒有壓著縫合的必要。

18　將連帽放在表布上面，並在縫份上以疏縫固定。

開口

19　將裡布的正面貼合在已縫上連帽的表布正面，接著縫合並只留一個開口不縫。

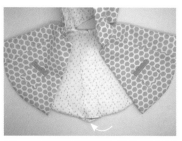

20　將頸圍和下襬的縫份稜角剪掉，用剪刀剪開曲線區域的縫份，接著再從開口處翻面。

TIP　由於防水布料很難進行手縫，請用布用強力膠將開口封住。

21　沿著上衣邊緣縫合固定。

22　後頸部也要縫合。

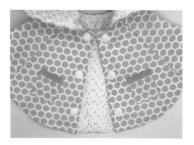

23　將塑鋼釦縫在前門襟上。

TIP　改縫暗釦或鈕釦也沒關係。

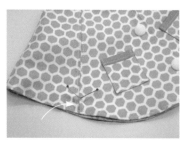

24　釦子扣著的狀態下，在標示的位置縫 3 ～ 4 針，做成像袖子一樣，完成！

04

連肩大衣

材料 表布50x50cm、配色20x10cm、鈕釦 4 顆、胸針 1 個

※布料邊緣用防綻液處理

※原尺寸紙型p.250〜251

✂ **PATTERN MAKING**

頸圍、袖子下襬、上衣下襬、前門襟、領子外輪廓、前
口袋、袖子裝飾的縫份皆為 0 cm，其他縫份皆為0.5cm。
（這是在使用厚重的冬季布料或羊毛這類不好分開的布
料時所用的縫份寬度，如果是使用一般布料，縫份寬度
跟其他外套一樣就可以。）

〔上衣變形1〕

1 由於前門襟的部分會變厚，上衣原型必須從前片中心線
　往外增加0.5cm的空間。根據不同的布料厚度來調整分
　量。

2 請參考連肩袖製圖法（p.103〜107）調整肩膀角度，
　並修改胸圍和腋下深度增加空間，畫出連肩線跟側縫。
　這時後片的 A 形線條要畫得比前片更明顯，讓後片有
　更大的空間。

→**接續到〔上衣變形2〕**

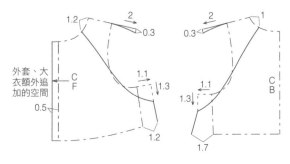

〔袖子〕

1 將從上衣前、後片剪下來的袖子對齊中心線，並合併在
　一起。

2 繪製袖子裝飾，並在袖子上標示位置。

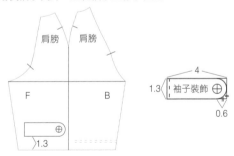

〔領子〕

1 利用襯衫領製圖法（p.74〜77）進行繪製，領子尖端的
　形狀根據設計做出彎曲。

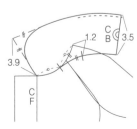

〔上衣變形2〕

1 挖出充裕的頸圍空間並延長長度。

2 按照連肩袖製圖法（p.103～107）完成袖子並剪下。

3 將前片中心線往外推移2cm，並在後片中心線加入對褶。由於後片中心線是對摺線，所以只要加2個寬1.3cm的褶襉即可。

4 繪製前片口袋和後片腰間裝飾並標示位置。

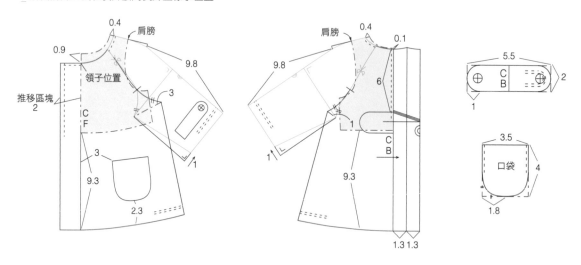

1 以0.5cm、0.3cm為間距，在袖子下襬縫上2條裝飾線。

2 從背面縫合袖子的尖褶。

3 由於布料很厚，要將尖褶分開並燙平，並把露在外面的部分剪掉。

4 兩邊的袖子都用相同的方法製作。

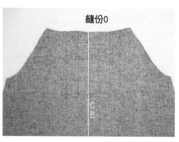

5 在後片中心線上標示出對摺的位置。

6 背面朝外將後片中心線對摺，並縫合已標示的褶襉線。

7　以後片中心線為基準，摺疊褶襇線。

8　將褶襇燙平。

9　從正面將做出褶襇的褶痕兩邊壓著縫合，底下再橫向縫合固定。

10　將袖子的後片和後片的正面對正面貼合，並沿著袖襱縫合。

11　將縫份分開並燙平。

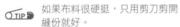

TIP　如果布料很硬挺，只用剪刀剪開縫份就好。

12　將袖子的前片和前片的正面對正面貼合，並沿著袖襱縫合。

13　將縫份分開並燙平。

14　從袖子正面壓著縫合。

15　將皮革袖子裝飾剪成沒有縫份，並只縫合一邊在袖子上。

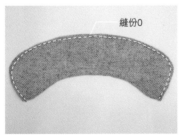

縫份0

16　縫製單層領子的無縫份外輪廓線。

17　將上衣放在領子的頸圍縫份上並用珠針固定，再沿著頸圍縫合。

18　縫合上衣和袖子的側縫。用剪刀剪開腋下的縫份，將縫份分開並燙平。

19 依前門襟→下襬→前門襟的順序縫出裝飾線。

20 將口袋放在標示的位置並沿邊縫合。

21 將鈕釦縫在袖子裝飾和口袋上做裝飾。

22 剪出 2 張無縫份的後片中心線腰間裝飾，重疊放好並以 2 圈線做縫合。

23 用鈕釦將腰間裝飾固定在後片的腰部位置。

24 在胸口別上胸針，完成！

TIP 如果喜歡前襟扣起來的話，請縫上暗釦收尾。

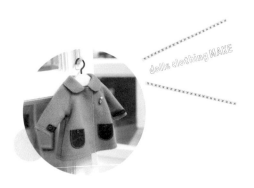

dolls clothing MAKE

<u>05</u>

風衣外套

材料 表布70x50cm、裡布40x25cm、暗釦 2 對、鈕釦13顆

※布料邊緣用防綻液處理

※原尺寸紙型p.252～254

表布下襬及袖子下襬縫份1cm，裡布下襬縫份 0 cm，其他
縫份皆為0.5cm。

〔上衣變形1〕

1 由於前門襟的部分會變厚，上衣原型必須從前片中心線
　往外增加0.5cm的空間。根據不同的布料厚度來調整分
　量。

〔上衣變形2〕

1 挖出充裕的頸圍空間並增加肩膀、胸圍及腋下深度的空
　間。

2 延長衣長並在上衣前、後片畫出槍墊及背部防風片。

3 繪製口袋並標示位置。

4 從前片中心線往外增加 2 cm的區塊並標示鈕釦位置。

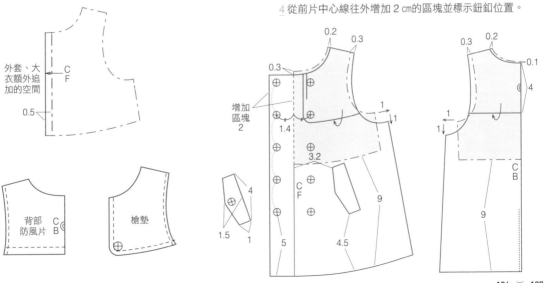

〔領子〕

1 請參考襯衫領製圖法（p.74～77）進行製圖。

〔袖子〕

1 配合上衣調整袖子原型的袖襱長度，並增加袖口的寬度。

2 在袖子後片加上裁切線，區分出前、後片，再從中間裁開並摺疊0.7cm，變形成彎曲的袖子。

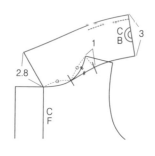

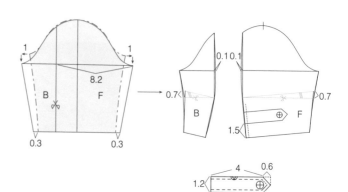

〔腰帶〕

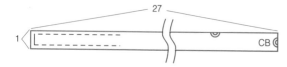

1 在槍墊彎曲的縫份上縫平針縫並把線拉緊。裡面鋪上版型，將縫份褶好、燙平，並調整形狀。

2 將背部防風片的下襱縫份往內摺好並燙平。從正面將槍墊和背部防風片的縫份壓著縫合固定。

3 將前片內表布和前片裡布縫合並將縫份朝內摺並燙平。

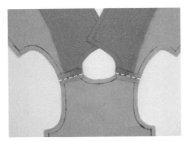

4　和後片裡布的肩線縫合，並將縫份分開。

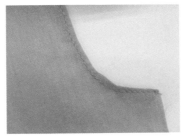

5　用剪刀剪開裡布袖襱的縫份，朝內摺並燙平，再壓著縫合。

6　將後片2張表布的正面對正面貼合並縫合，再將縫份分開。從正面在中心線的其中一邊縫上裝飾線。

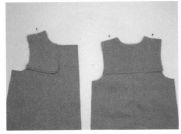

7　將背部防風片正面朝上放在後片表布的正面，並將肩線作臨時固定。

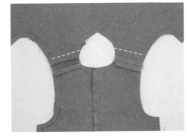

8　將固定好槍墊、背部防風片的前片和後片，正面對正面貼合並縫合肩線，再將縫份分開。

表布　裡布

9　由於口袋的表布和裡布布塊很小，裁剪時旁邊先多留一些空間。

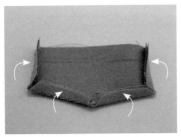

10　將口袋表布和裡布的正面對正面貼合，並縫合除了上方以外的三個邊，縫完再整理縫份。

TIP　一邊確認縫份是否已經摺疊在一起，一邊整理。

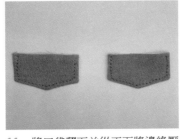

11　將口袋翻面並從正面將邊緣壓著縫合。

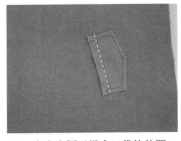

12　在上衣標示縫合口袋的位置，接著將口袋背面朝上並縫在衣服上。

13　將口袋往前翻摺並燙平。

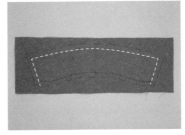

14　2張領子剪裁時旁邊先多留一些空間。正面對正面貼合並縫合除了頸圍以外的三個邊，再沿著縫份線剪裁。

15　將縫份稜角剪掉並剪開曲線區域的縫份，接著將領子翻面，從正面沿著邊緣壓著縫合。

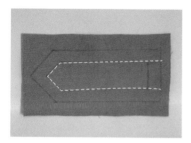

16 　2張袖子裝飾也是裁剪時旁邊先多留一些空間。正面對正面貼合並縫合三個邊，再沿著縫份線剪裁。

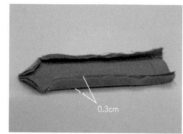

17 　剪成只留下0.3cm的縫份，並將縫份摺疊在一起的部分做修剪。

18 　用反裡針翻面後從正面壓著將邊緣縫合，接著臨時固定在袖子前片的縫份上。

19 　將袖子前片和袖子後片縫合並將縫份分開。

20 　從袖子後片正面壓著縫上裝飾線，再將袖子下襬縫份朝內摺並縫合。

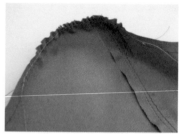

21 　在袖山縫份縫平針縫，把線拉緊並將袖子做出均勻的縮縫。

22 　確認袖子的前、後片並縫合在上衣。用剪刀剪開腋下的縫份。

23 　將兩邊袖子都縫在衣服上，再將縫份朝上衣方向摺好並燙平。

24 　從跟上衣、袖子連接的槍墊和背部防風片正面壓著縫合，將縫份固定。

25 　在做好的領子上標示出完成線、後片中心線和側頸點，確定領子的縫合位置，用珠針固定後進行疏縫。

表布＋領子＋裡布

26 　將縫上領子的表布和裡布的正面對正面貼合，並依序縫合前緣→頸圍→前緣。

27 　用剪刀剪開頸圍曲線區域的縫份，並將頸圍頂端和下襬的稜角縫份剪掉。翻面之後，從正面沿著頸圍壓著縫合。

<u>28</u> 側縫要從表布下襬縫到袖子，接著用剪刀剪開腋下的縫份，再將縫份分開並燙平。

<u>29</u> 也將裡布的側縫縫合，再將縫份分開並燙平。

<u>30</u> 拉緊裡布並對齊表布的下襬和線。

<u>31</u> 從兩邊的內表布邊緣開始留下3㎝左右不縫，再將下襬縫合。

<u>32</u> 從袖襱那邊翻面，再將兩邊還沒縫合的下襬縫份往內摺好，用藏針縫縫合。

<u>33</u> 從正面縫上裝飾線，一直從領子的前端縫到內表布線。

<u>34</u> 將腰帶四邊的縫份摺好並燙平，接著再對半摺。

<u>35</u> 從正面壓著縫合，完成腰帶。

<u>36</u> 將暗釦縫在前緣，鈕釦縫在口袋、袖子口、前門襟以及槍墊上，完成風衣！

01

襪子

材料 表布25x15cm

※布料邊緣用防綻液處理

※原尺寸紙型p.249

✂ PATTERN MAKING

上邊縫份 1 cm，其他縫份皆為0.5cm。

1 因為版型是以對摺線符號（◎，對摺的狀態）來繪製，所以都以1/2圍長來進行製圖。

2 因為考量到布料的拉伸分量，所以縮小版型。由於每種布料的彈性不一樣，必須在疏縫之後找出適當的分量。這裡是減掉0.4～0.5cm左右。

3 可以用原本的長度或根據布料拉伸的程度縮短。

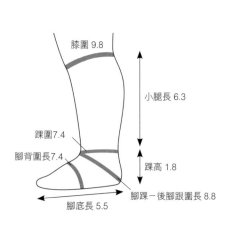

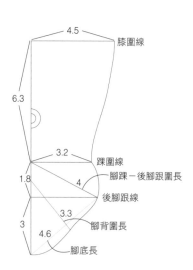

1 將上方縫份朝內摺並燙平。

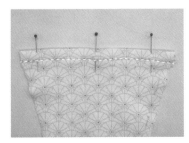

2 從正面壓著縫合,固定縫份。

3 將背面朝外對半摺,沿著完成線縫合。

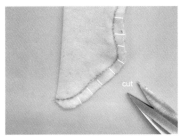

4 用剪刀剪開曲線區域的縫份。

 如果布料像蕾絲一樣薄的話,可以省略這步驟。

5 將腳踝上方的縫份分開並燙平。

6 翻面之後,襪子完成!

dolls clothing MAKE

02

斜背包

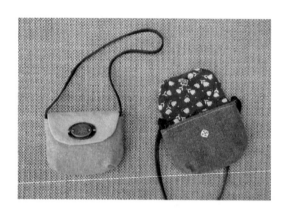

材料 表布25x10cm、配色10x10cm、裡布25x20cm、背帶27cm、暗釦 1 對、胸針 1 個

※布料邊緣用防綻液處理

※原尺寸紙型p.249

PATTERN MAKING

全部縫份皆為0.5cm。

1 決定斜背包掀蓋的寬和長，繪製出想要的形狀。

2 決定斜背包本體的寬和長，繪製出想要的形狀後，為了呈現出下襬的立體感，必須加入尖褶。

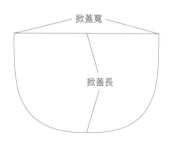

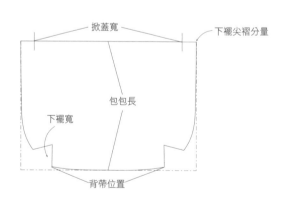

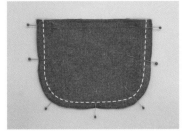

1 將 2 張表布的正面對正面貼合並沿著兩側下方縫合。將縫份剪成只留0.3㎝。

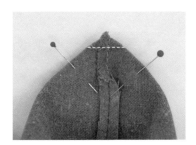

2 兩邊縫上尖褶,將其他部分的縫份分開後翻面。

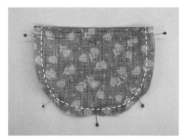

3 將掀蓋的表布和裡布正面對正面貼合,固定後沿著兩側下方縫合。用剪刀剪開曲線區域的縫份,接著翻面並燙平。

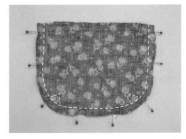

4 將 2 張裡布的正面對正面貼合口並沿著兩側跟下方縫合。

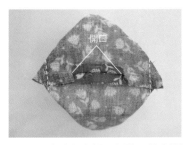

5 兩邊縫上尖褶。用剪刀剪出開口處,並將縫份分開。也將側縫的縫份分開並燙平。

6 將掀蓋正面貼合在表布後面,縫合縫份的部分,以珠針先固定。

7 準備27㎝包含縫份長度的背帶,並臨時固定在表布兩邊的縫份上。

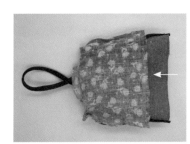

8 為了將表布和裡布的正面對正面貼合,而把表布塞到裡布內。表布上的背帶從裡布的開口拉出來。

9 對齊表布和裡布的位置,固定後沿著包包開口縫合。

10 從裡布的開口翻面,接著將開口以藏針縫縫合。

11 把裡布放進包包裡,沿著包包開口縫合。

12 將暗釦縫在掀蓋和包包上,並在掀蓋正面中央別上胸針,斜背包完成!

03

綁帶軟帽

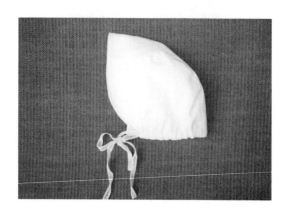

材料 表布40x30㎝、裡布40x30㎝、蕾絲緞帶70㎝

※布料邊緣用防綻液處理

※原尺寸紙型p.255

✂ PATTERN MAKING

全部縫份皆為0.5㎝。

1 將連帽領原型（p.80〜85）縮短到只有包住臉部的長度，將後片中心線的曲線畫得平緩一點。

2 繪製出想要的綁帶軟帽的帽子款式。

3 在綁帶軟帽上加入裁切線並將後片中心線變形。短邊長度保持不變，同時將長邊堆疊成直線並換上對摺線符號（◎，對摺的狀態）。

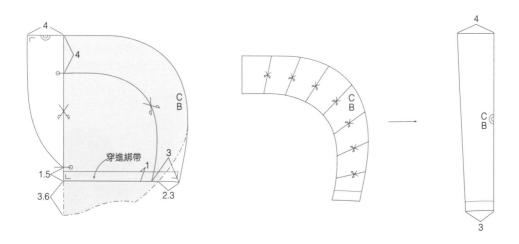

1 將 3 張綁帶軟帽表布的正面對正面貼合並縫合。

2 用剪刀剪開曲線區域的縫份，將縫份朝中間摺並燙平，接著再從正面縫合，固定縫份。

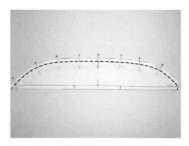

3 將 2 張帽緣的正面對正面貼合並縫合曲線的部分。

4 用剪刀剪開曲線的縫份，翻面後沿著邊緣壓著縫合。

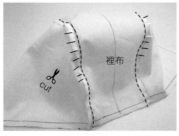

5 將 3 張綁帶軟帽裡布的正面對正面貼合並縫合，用剪刀剪開縫份。為了不要和表布的縫份重疊，需朝外摺並燙平。

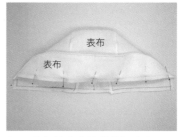

6 將帽緣放在綁帶軟帽表布，用珠針確定位置。

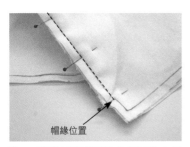

7 將裡布的正面貼合在已放上帽緣的表布正面，用珠針固定並只縫合有帽緣的部分。

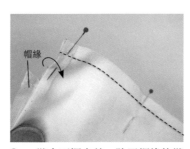

8 縫合下襬之前，除了帽緣的縫份以外，將裡布和表布的縫份彼此朝反方向摺疊。

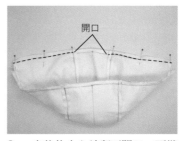

9 在後片中心線留下開口，再縫合下襬。

10 配合帽緣的縫份用剪刀剪開裡布和表布的縫份。

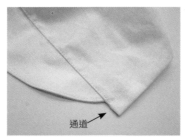

11 從開口處翻面，再用藏針縫縫合開口。雖然要沿著綁帶軟帽的外輪廓縫合，但是下襬要留1 cm以上的通道。

12 將蕾絲穿過通道，綁帶軟帽完成！

<u>04</u>

圍裙

材料 表布30x20cm、蕾絲緞帶110cm

※布料邊緣用防綻液處理

※原尺寸紙型p.232

✂ PATTERN MAKING

全部縫份皆為0.5cm。

1 將上衣原型的衣長延長，畫出想要的圍裙款式輪廓。

2 繪製前口袋並標示口袋縫合位置。

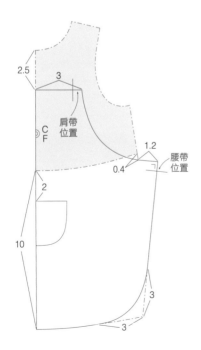

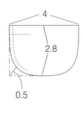

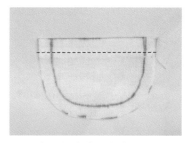

<u>1</u> 將口袋上方縫份朝內摺並燙平，再壓著縫合。

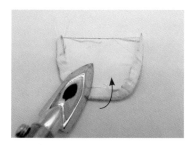

<u>2</u> 曲線的縫份先縫上平針縫，再將版型放在裡面，把線拉緊調整形狀並燙平。

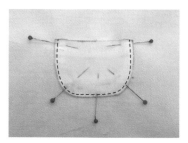

<u>3</u> 將口袋固定在標示的位置上，沿著邊緣縫合。

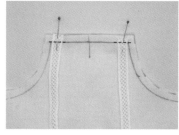

<u>4</u> 準備 2 條23㎝包含縫份長度的蕾絲肩帶。將蕾絲和圍裙的正面對正面貼合，並將蕾絲往下垂放，再固定肩膀的縫份。

<u>5</u> 準備 2 條30㎝包含縫份長度的蕾絲腰帶。將蕾絲和圍裙的正面對正面貼合並將蕾絲往內垂放，再固定腰部的縫份。

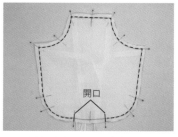

開口

<u>6</u> 將裡布的正面貼合在縫上蕾絲的表布正面並固定。將肩帶和腰帶從開口處拉出來後，縫合除了開口以外的部分。

<u>7</u> 將各邊縫份稜角剪掉，用剪刀剪開曲線的縫份。先將曲線的縫份摺好並燙平。

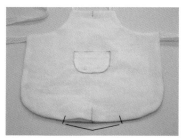

<u>8</u> 從開口處翻面，再用藏針縫縫合。

<u>9</u> 沿著邊緣再縫合一次，圍裙完成！

DESIGN

原尺寸紙型

★所有紙型都是實際的尺寸大小。
　但是，比書大的大尺寸版型則是省略重複的分量後才做刊載。
★收錄的紙型全部都是以完成線為基準。
　詳細的縫份分量請到該單品的製作頁確認。

SKIRT 01

打褶裙
p.111

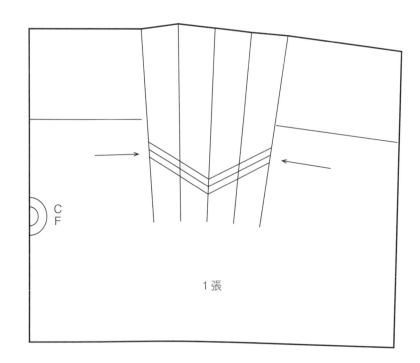

C
F

1 張

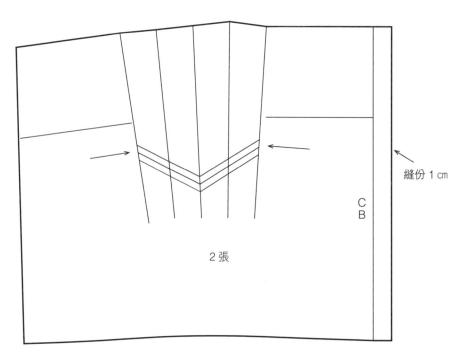

縫份 1 cm

C
B

2 張

CF   SS   腰帶 1 張   CB

網球裙
p.113

8cm

1.5

1.5

1.5

CF

1張

SS

35cm

CF

腰帶 1張

SS

CB

由於版型橫向長度太
長,已省略部分長度。
請以此版型為基礎,繪
製長度為35cm的版型使
用。

CB

縫份1.5cm

C
F

C
F

C
C
B

O TIPS

由於版型橫向長度太長，已省略部
分長度。請以此版型為基礎，繪製
長度為48cm的版型使用。

縫份1.5cm

鬆緊帶19cm

腰部剪接
1張

通道

網紗 1
1張

縫份 0

48

C
B

縫份 0

5

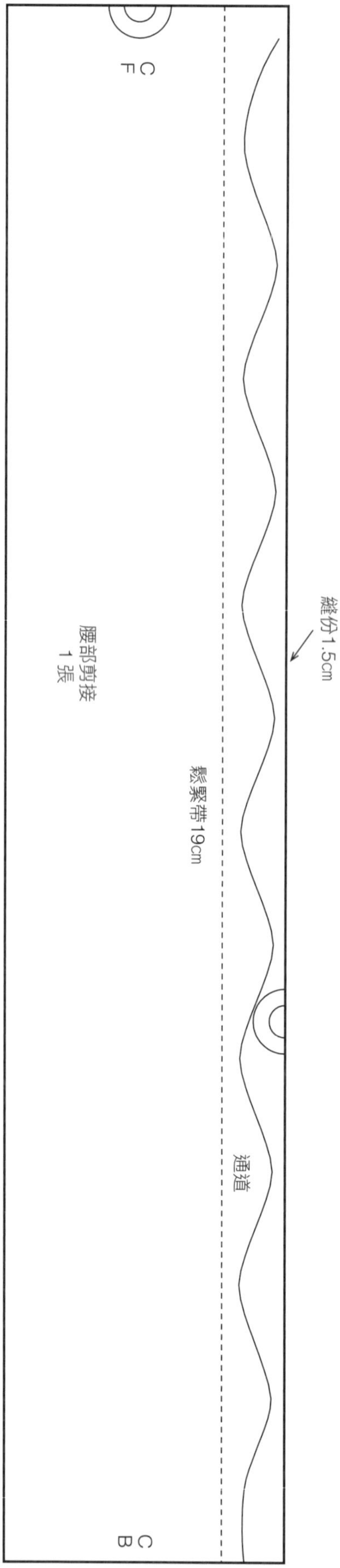

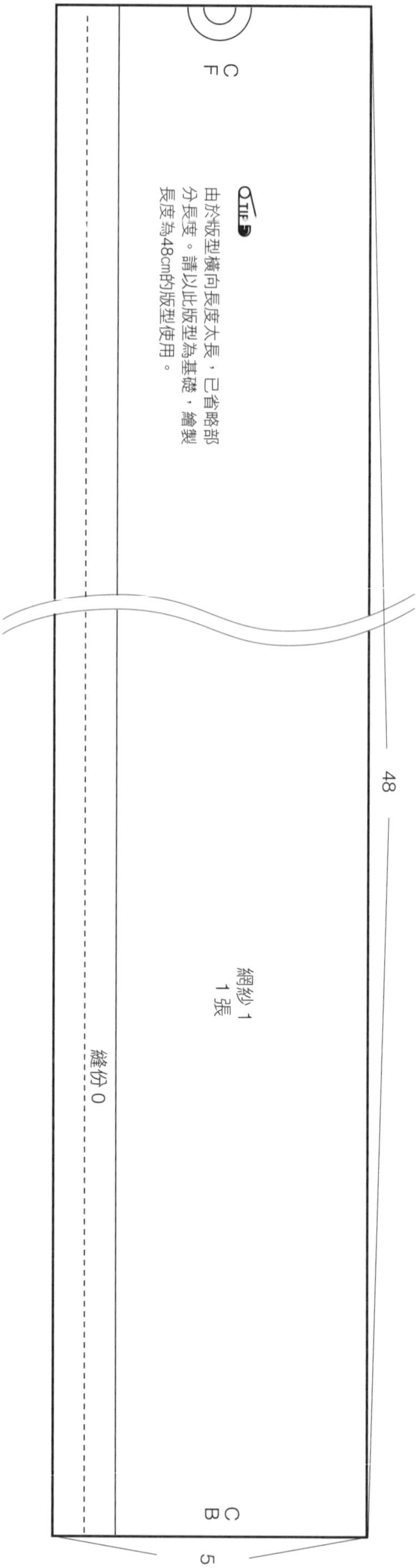

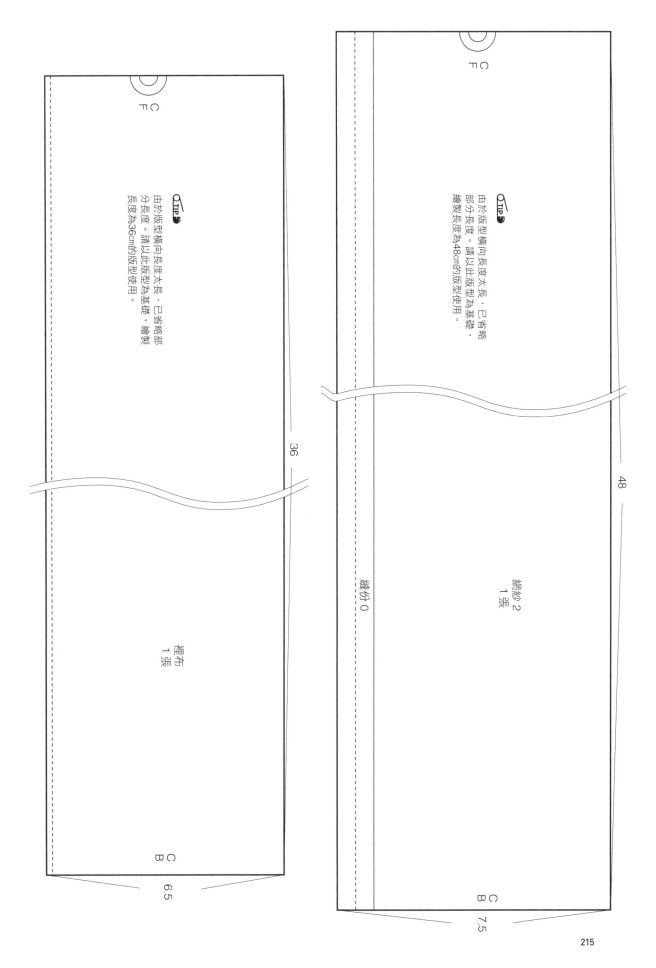

C F

TIP
由於版型橫向長度太長，已省略
部分長度。請以此版型為基礎，
繪製長度為48cm的版型使用。

48

網紗 2
1 張

縫份 0

C B
7.5

C F

TIP
由於版型橫向長度太長，已省略部
分長度。請以此版型為基礎，繪製
長度為36cm的版型使用。

36

裡布
1 張

C B
6.5

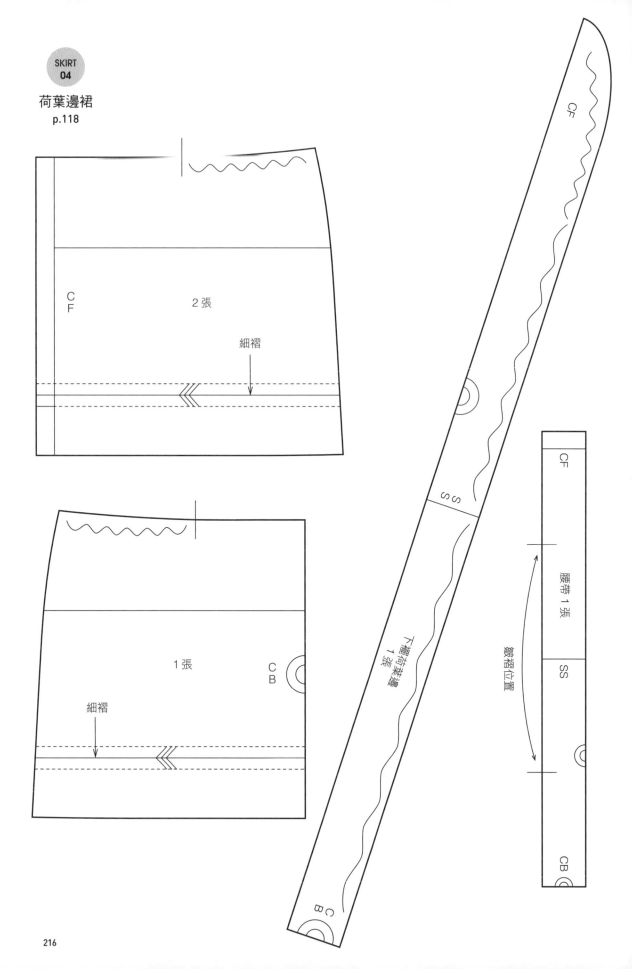

荷葉邊裙
p.118

CF

2 張

細褶

CF

1 張

CB

細褶

CF

SS

下襬荷葉邊
1 張

CF

SS

CB

腰帶 1 張

皺褶位置

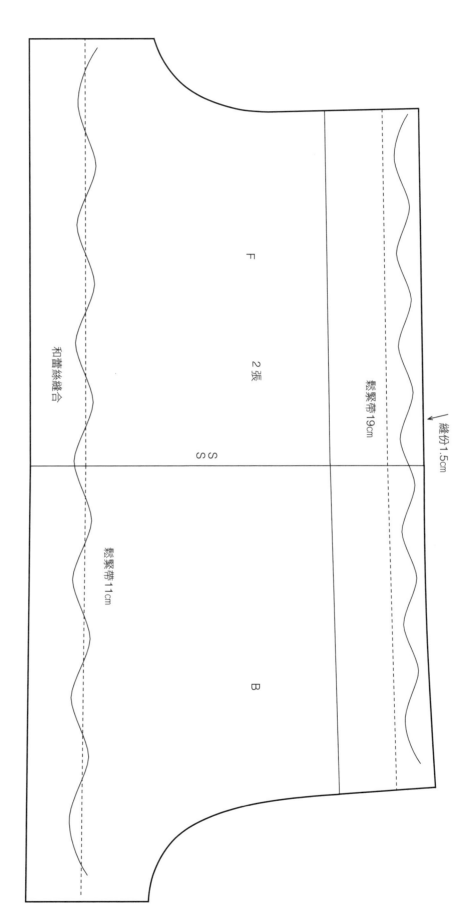

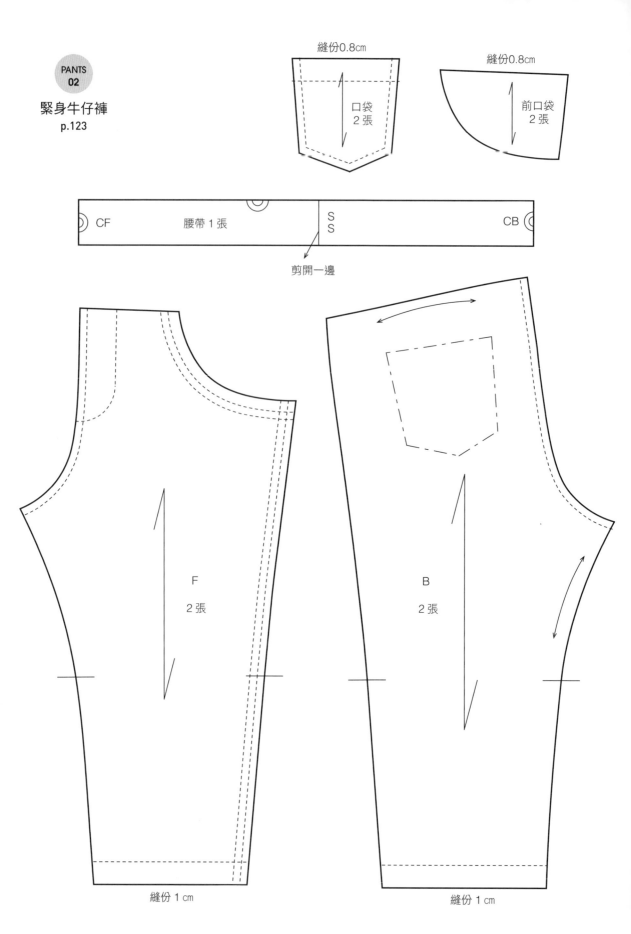

PANTS
02

緊身牛仔褲
p.123

縫份0.8cm

口袋
2 張

縫份0.8cm

前口袋
2 張

CF　　　　腰帶 1 張　　　　S S　　　　　CB

剪開一邊

F
2 張

B
2 張

縫份 1 cm

縫份 1 cm

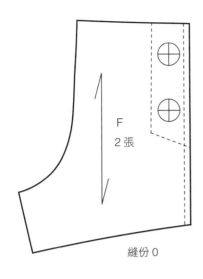

F
2 張

縫份 0

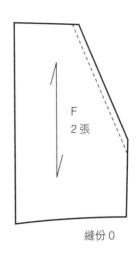

F
2 張

縫份 0

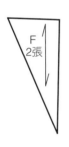

F
2張

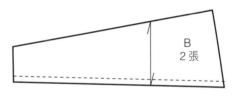

B
2 張

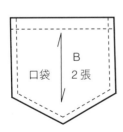

口袋 B
2 張

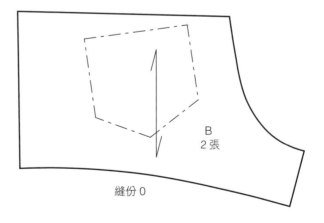

B
2 張

縫份 0

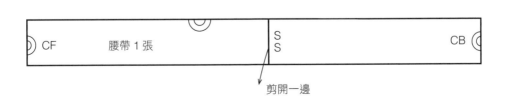

CF 腰帶 1 張 S S CB

剪開一邊

吊帶褲
p.129

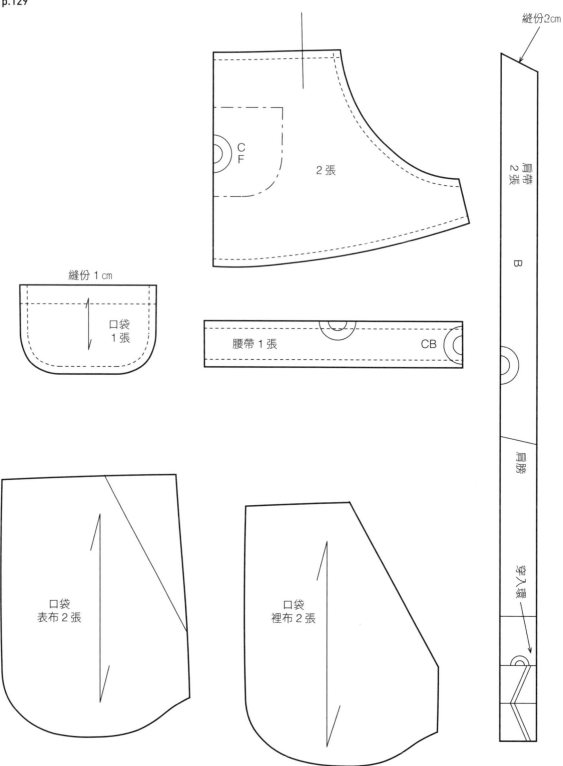

縫份 2cm

肩帶
2 張

B

肩膀

穿入環

2 張

C
F

縫份 1 cm

口袋
1 張

腰帶 1 張

CB

口袋
表布 2 張

口袋
裡布 2 張

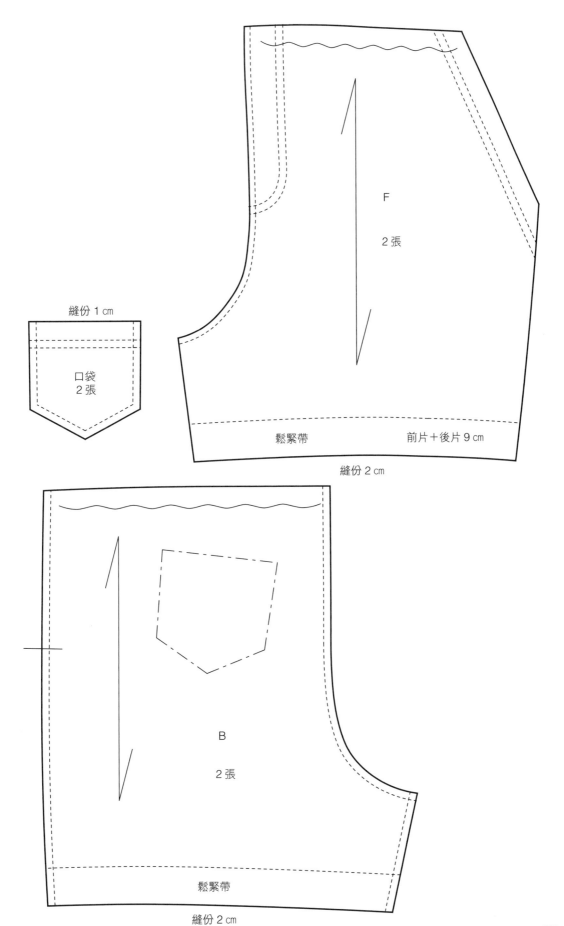

縫份 1 ㎝

口袋
2 張

F

2 張

鬆緊帶　　　　　　　前片＋後片 9 ㎝

縫份 2 ㎝

B

2 張

鬆緊帶

縫份 2 ㎝

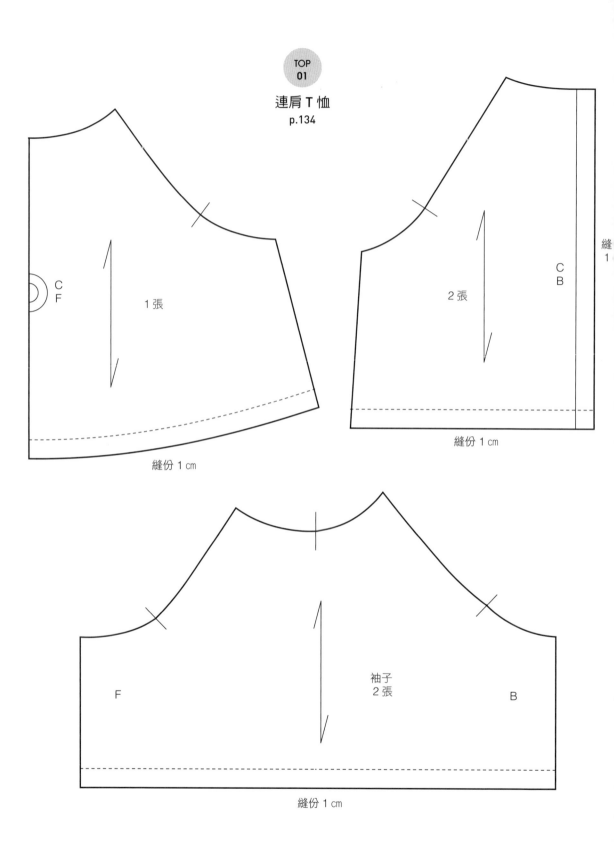

C F

1 張

縫份 1 cm

C B

2 張

縫 1

縫份 1 cm

F

袖子
2 張

B

縫份 1 cm

CF 　　　　羅紋布 1 張　 CB　　縫份 0

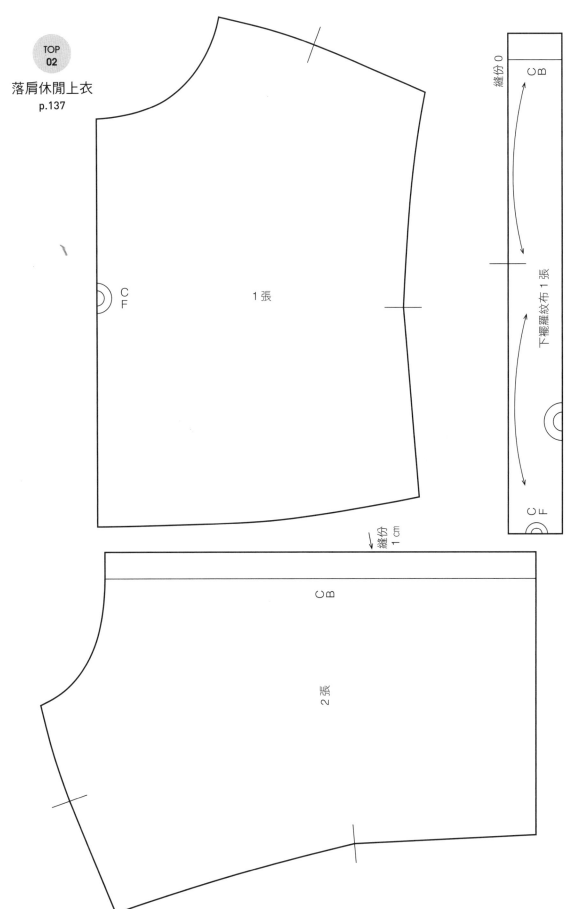

CF

1 張

縫份 0

CB

下襬羅紋布 1 張

CF

縫份 1 cm

CB

2 張

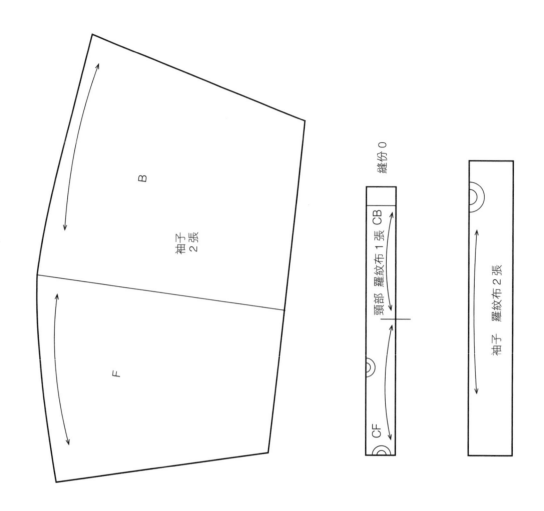

袖子
2張

B

F

縫份 0

頸部 羅紋布 1張 CB

CF

袖子 羅紋布 2張

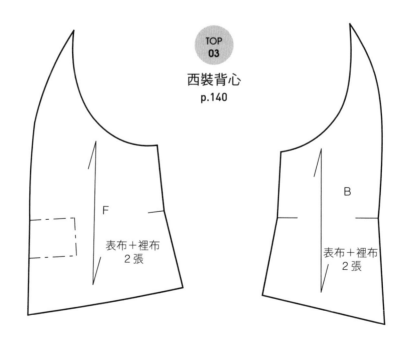

TOP
03

西裝背心
p.140

F

表布＋裡布
2張

B

表布＋裡布
2張

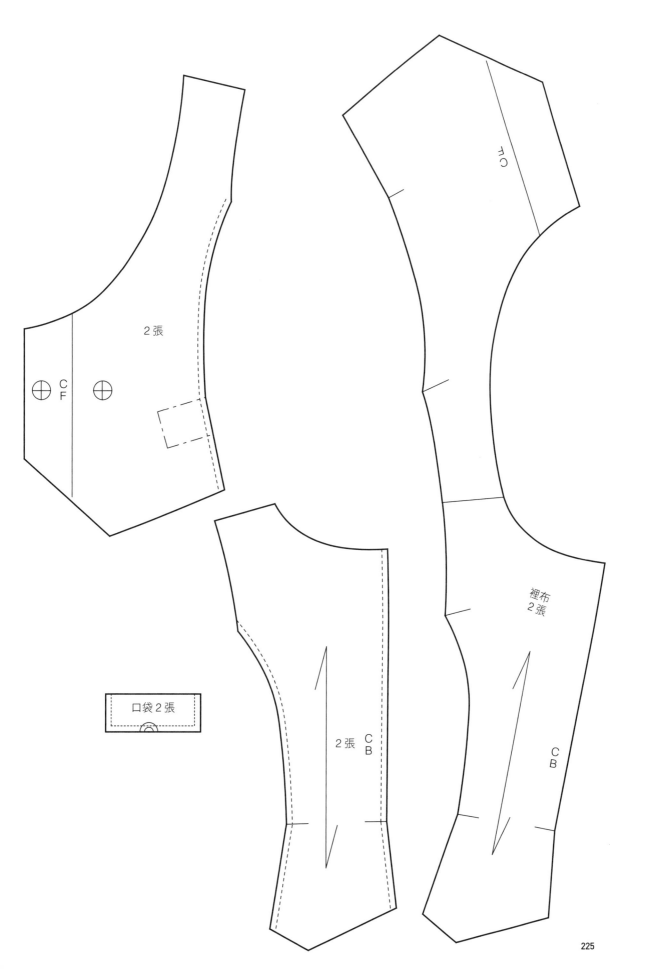

2 張

C
F

口袋 2 張

2 張 C
B

裡布
2 張

C
B

C
F

襯衫
p.146

袖口 2 張

肩襠剪接 1 張

C
B

領子 2 張

CB

CF

CF

領台 2 張

CB

縫份
1.5

2 張

縫份0.8

口袋　1 張

B

F

袖子
2 張

C
B

1 張

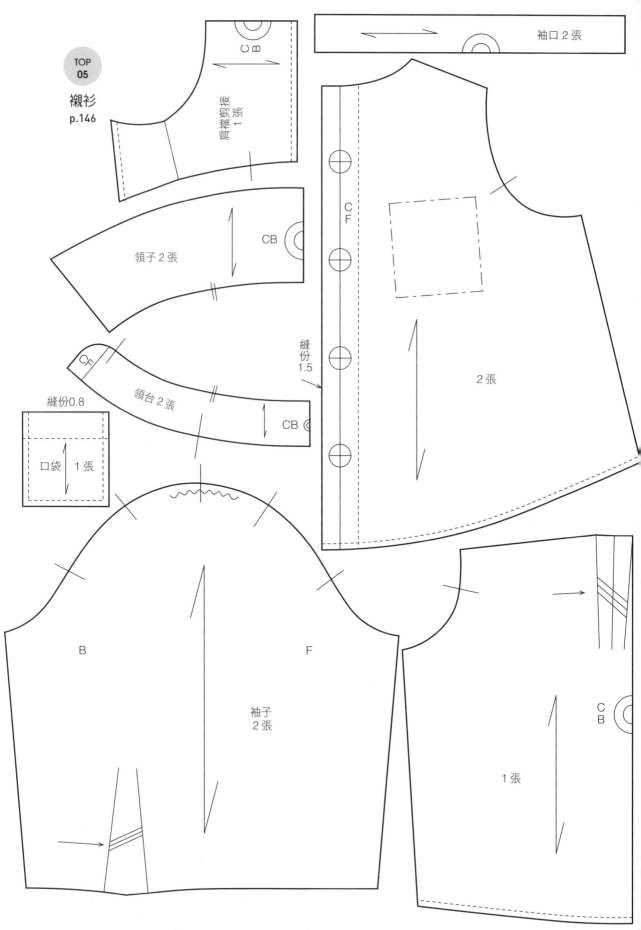

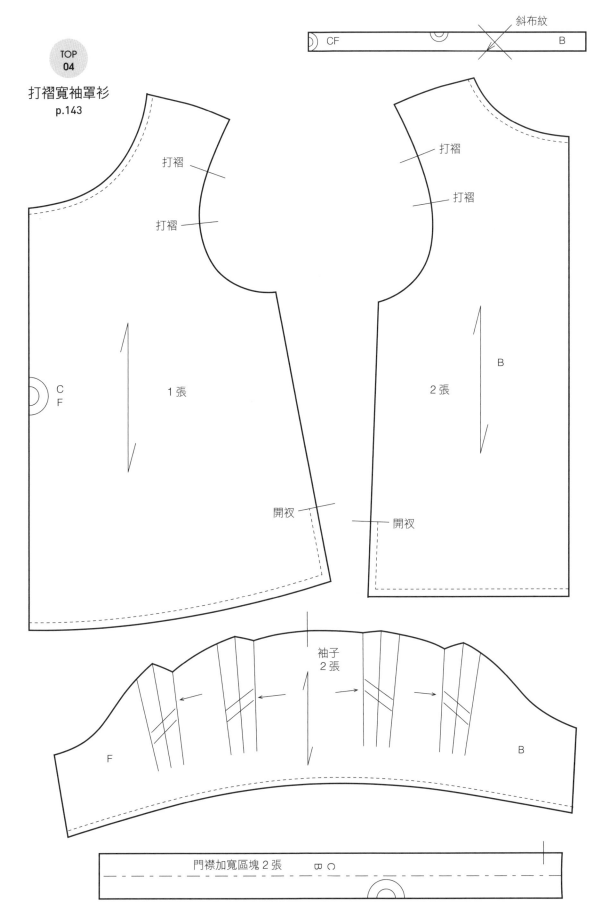

打褶寬袖罩衫
p.143

斜布紋

CF　　　　　B

打褶

打褶

打褶

打褶

C
F

1張

2張

B

開衩

開衩

袖子
2張

F

B

門襟加寬區塊2張

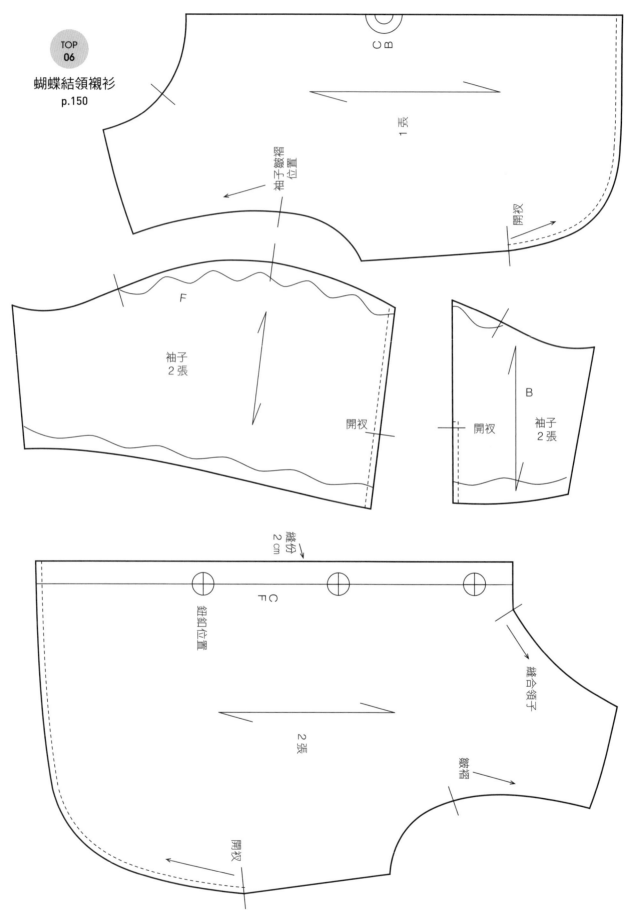

TOP
06

蝴蝶結領襯衫
p.150

C
B

表
1

置於摺雙之布邊

開衩

袖子
2張

F

開衩

B

開衩

袖子
2張

縫份
2 cm

C
F

鈕釦位置

2張

縫合領子

皺褶

開衩

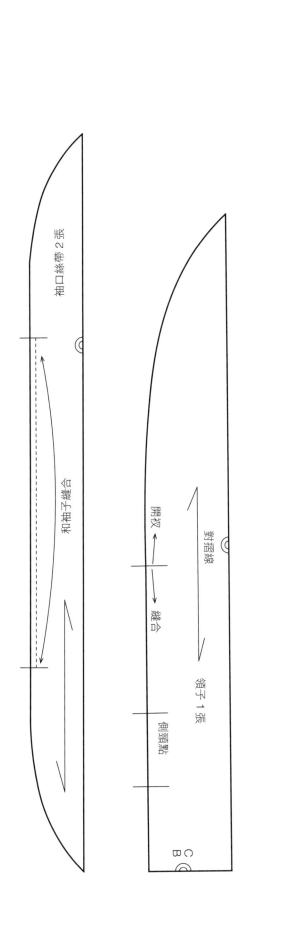

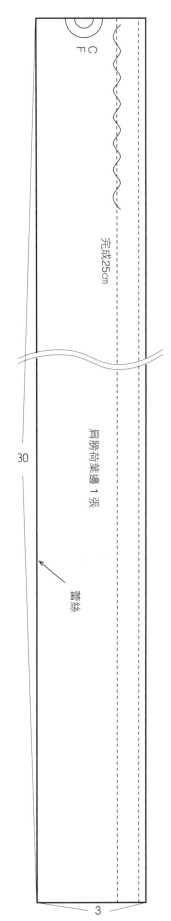

TOP
07

荷葉露肩上衣
p.154

完成25cm

肩膀荷葉邊 1 張

蕾絲

袖口絲帶 2 張

和袖子縫合

對摺線

開衩

縫合

領子 1 張

側頸點

C
F

C
B

30

3

🔗TIP🔗

由於版型橫向長度太
長，已省略部分長度。
請以此版型為基礎，繪
製長度為30cm的版型使
用。

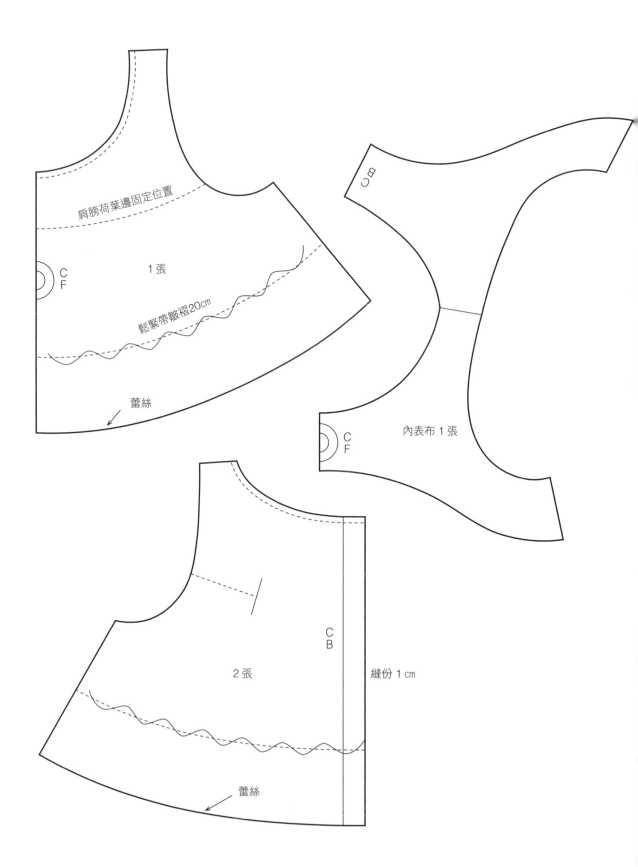

肩膀荷葉邊固定位置

C
F

1 張

鬆緊帶皺褶20cm

蕾絲

B
C

內表布 1 張

C
F

2 張

C
B

縫份 1 cm

蕾絲

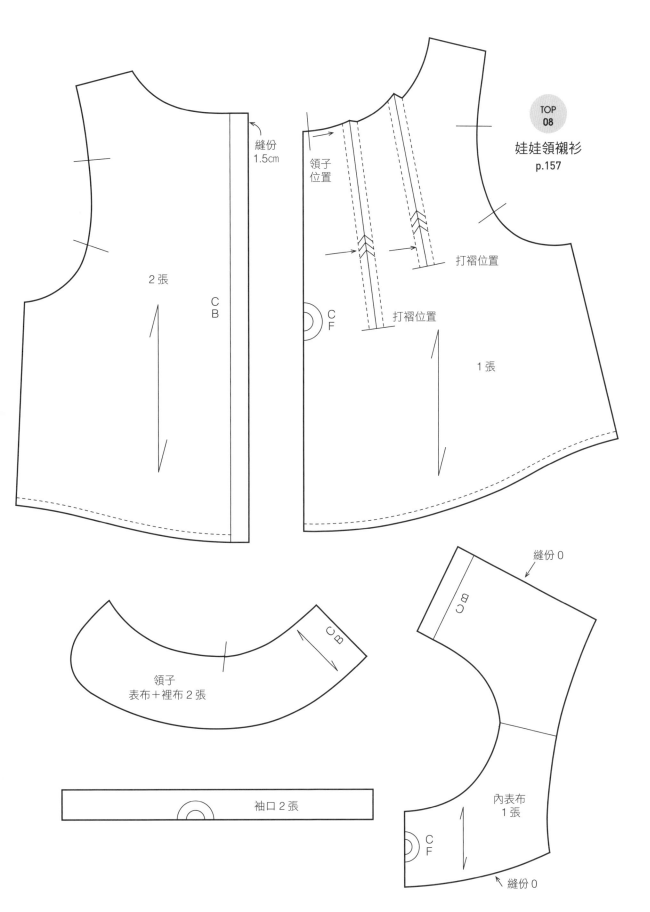

縫份
1.5cm

2張

C
B

領子
位置

打褶位置

C
F

打褶位置

1張

TOP
08

娃娃領襯衫
p.157

領子
表布+裡布2張

C
B

袖口2張

縫份 0

C
B

內表布
1張

C
F

縫份 0

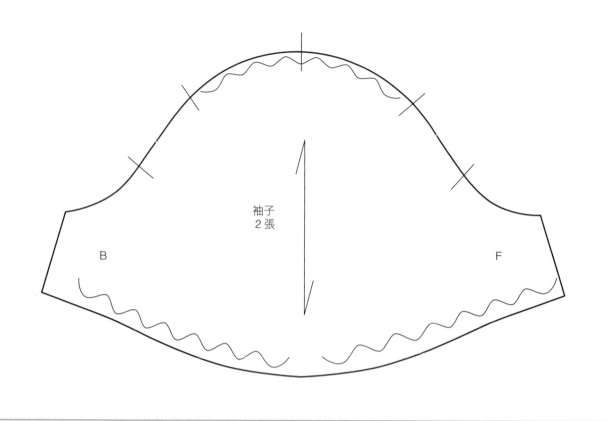

袖子
2 張

B

F

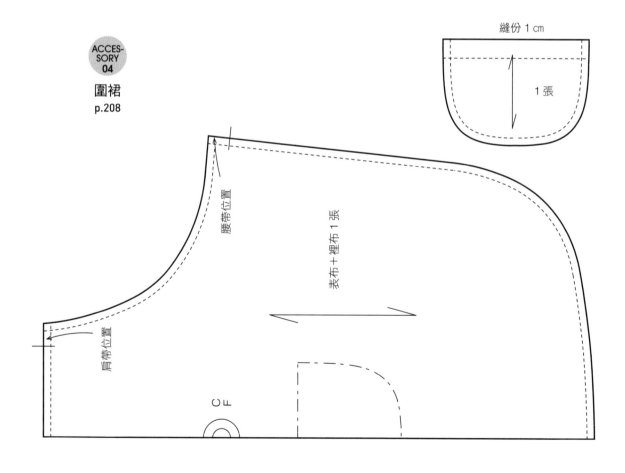

ACCES-
SORY
04

圍裙
p.208

縫份 1 cm

1 張

腰帶位置

表布＋裡布 1 張

肩帶位置

C
F

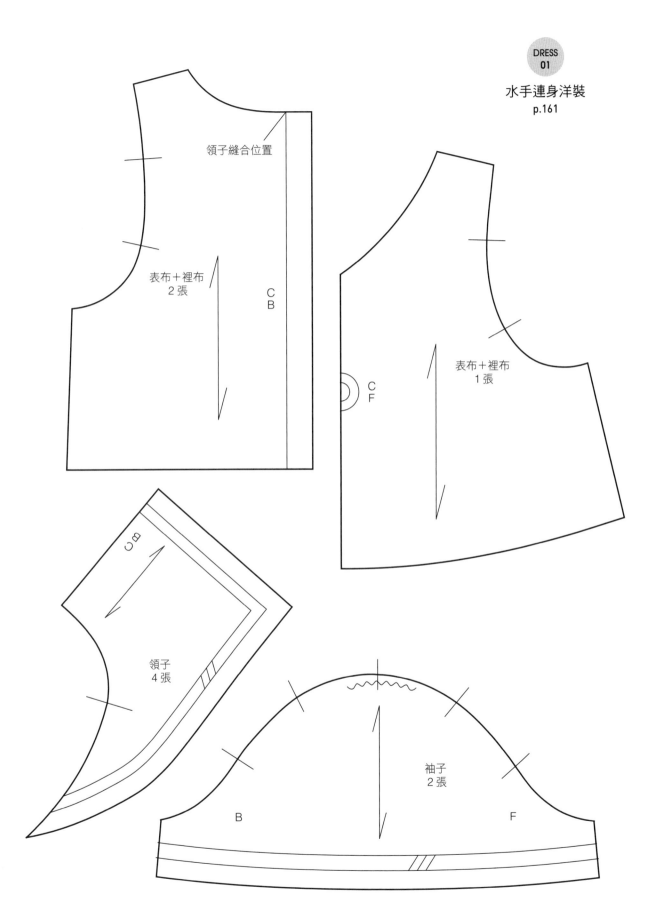

領子縫合位置

表布＋裡布
2張

CB

表布＋裡布
1張

CF

領子
4張

CB

袖子
2張

B

F

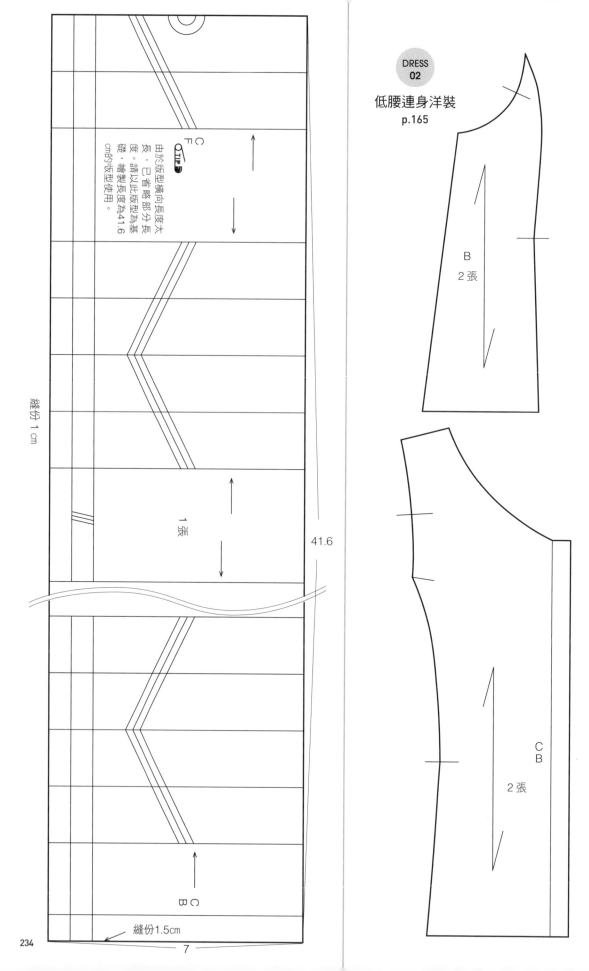

C
F
●TIP

由於版型橫向長度太
長，已省略部分長
度。請以此版型為基
礎，繪製長度為41.6
cm的版型使用。

縫份 1 cm

41.6

1張

B
2張

C
B
2張

C
B

縫份1.5cm

7

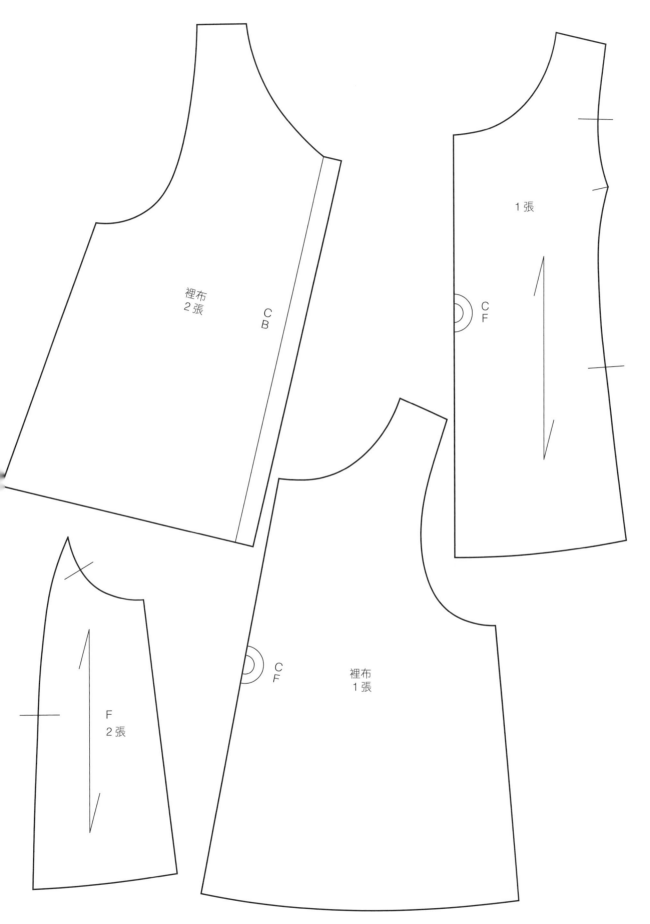

裡布
2張

C
B

1張

C
F

裡布
1張

C
F

F
2張

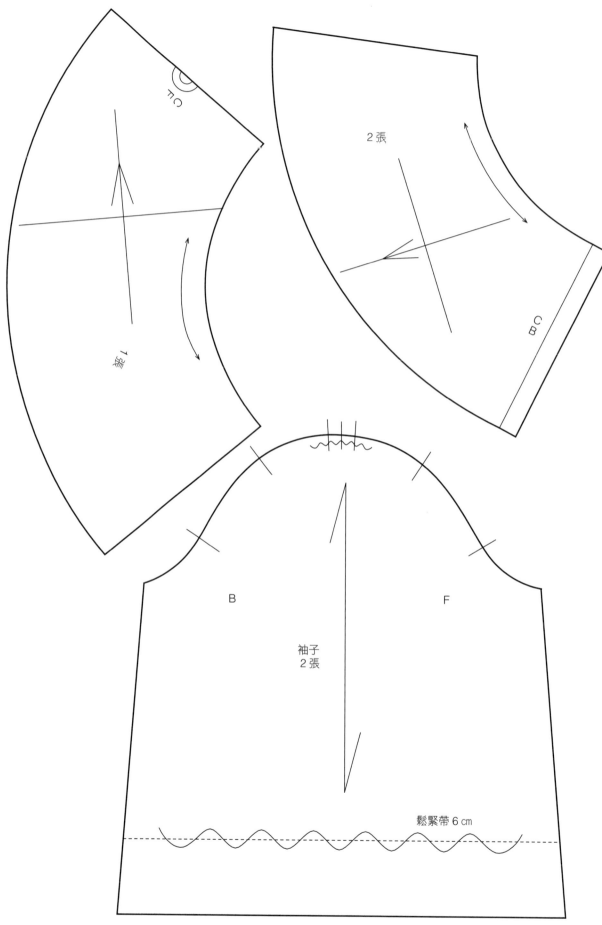

C.L.

1張

2張

C
B

B

F

袖子
2張

鬆緊帶6㎝

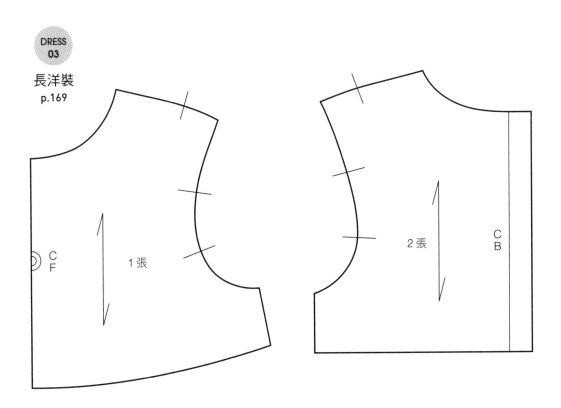

1張

CF

2張

CB

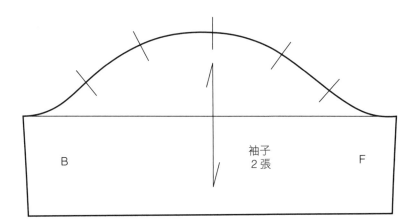

B

袖子
2張

F

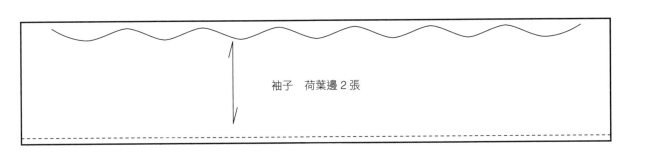

袖子　荷葉邊2張

由於版型橫向長度太長，不得已將它分開刊載。
請以側縫（ss）為基準將兩個版型合併，變成一
張完整的版型。

縫份1.5cm

C
B

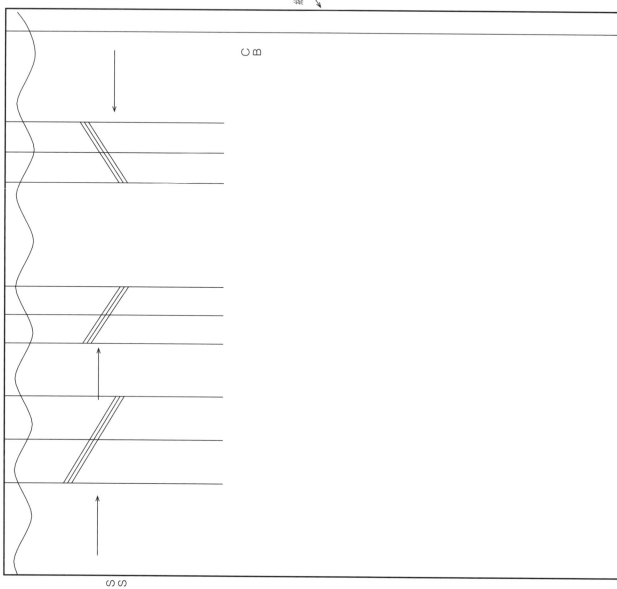

S
S

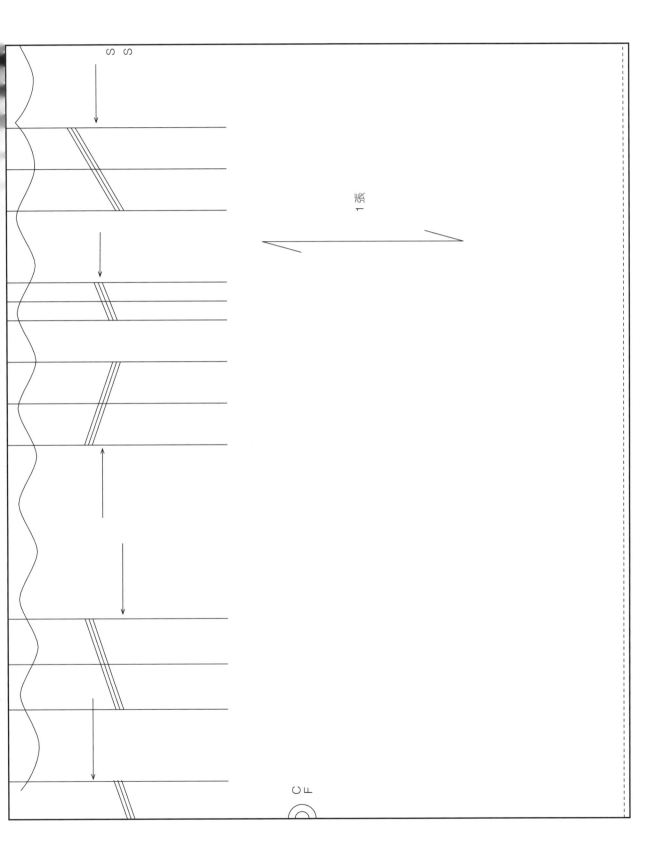

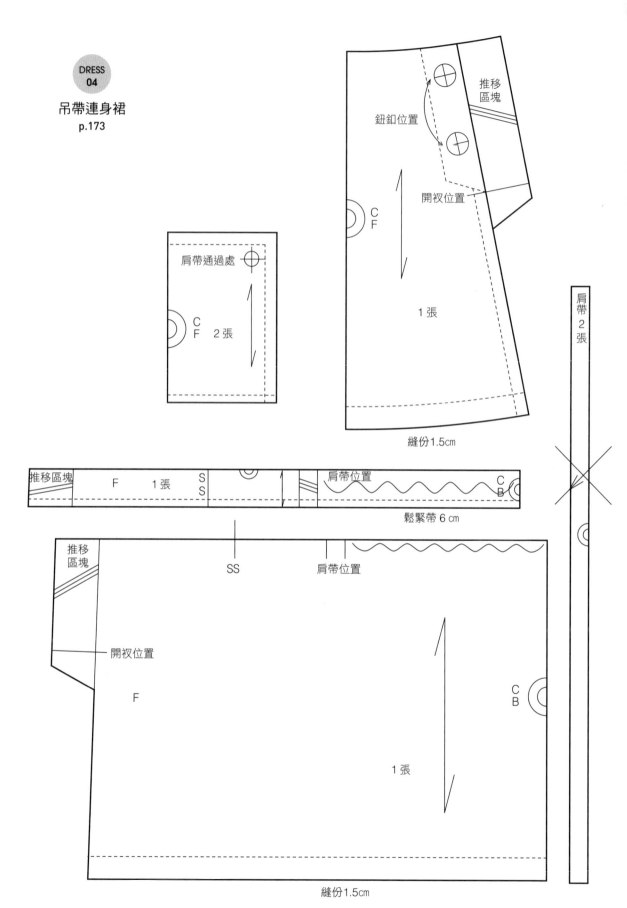

DRESS
04

吊帶連身裙
p.173

肩帶通過處

C
F　2張

鈕釦位置

推移
區塊

開衩位置

C
F

1張

縫份1.5cm

肩帶
2張

推移區塊　　F　　1張　　S S　　　　　　　　肩帶位置　　　　　C B

鬆緊帶6cm

推移
區塊

SS　　　肩帶位置

開衩位置

F

C
B

1張

縫份1.5cm

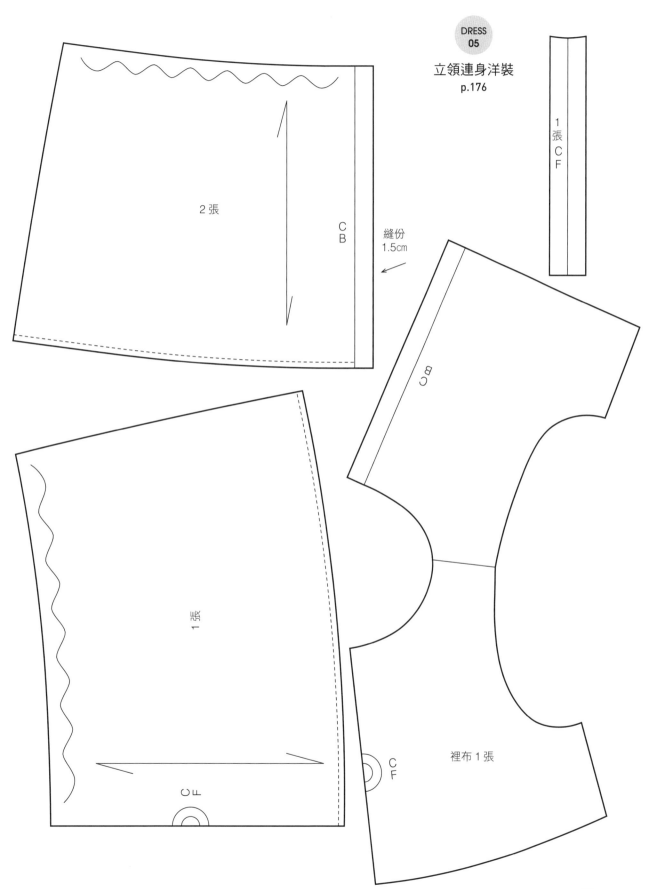

DRESS
05

立領連身洋裝
p.176

1張CF

2張

CB

縫份
1.5cm

BC

1張

CF

裡布1張

CF

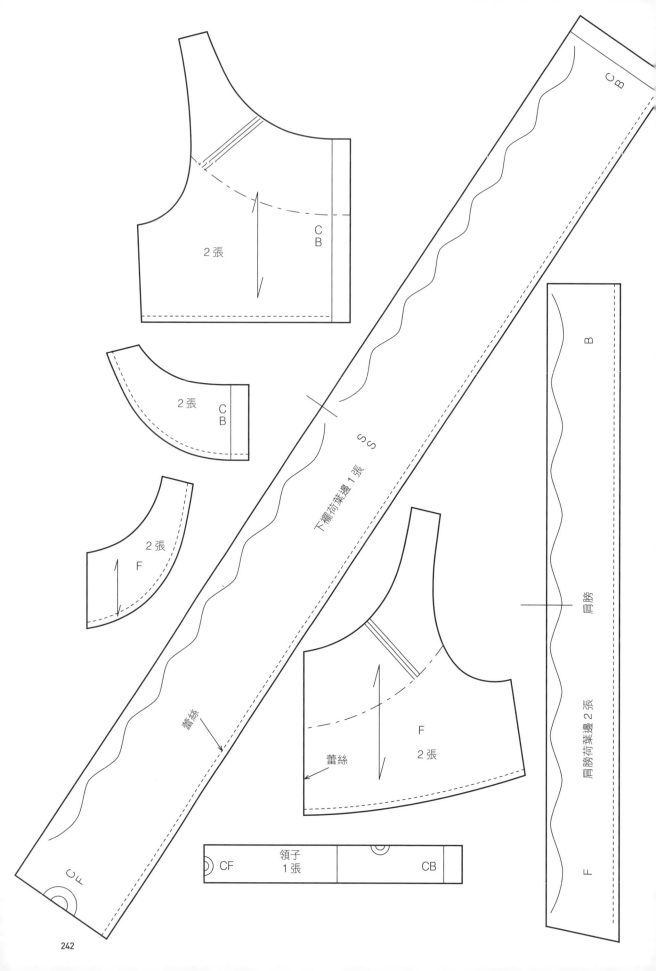

2 張

C
B

2 張　C
B

2 張　F

下襬荷葉邊 1 張　SS

蕾絲

蕾絲

F
2 張

蕾絲

肩膀荷葉邊 2 張

肩膀

B

C
B

F

C
F

領子
1 張

CF　　　CB

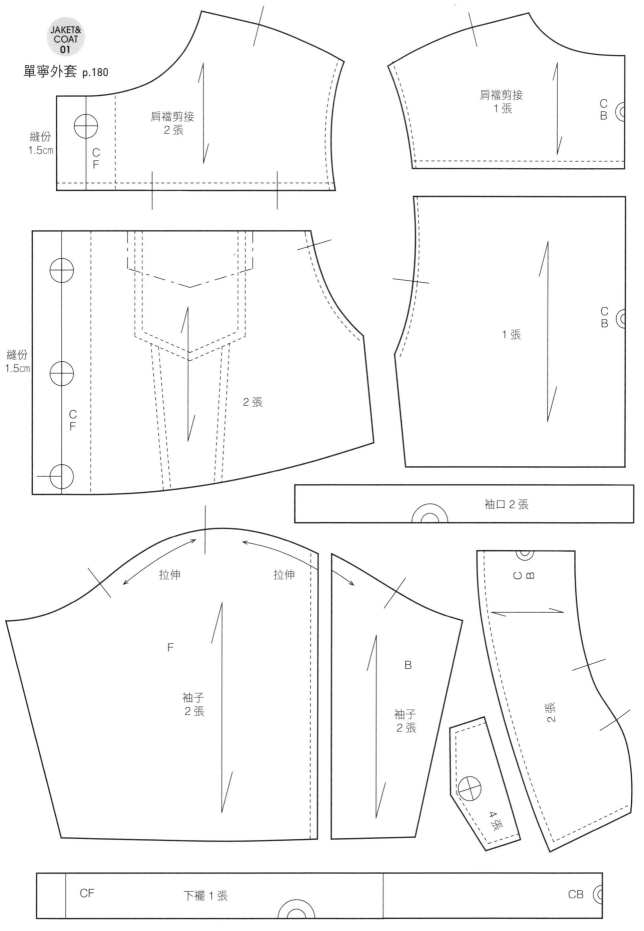

縫份
1.5cm

肩襠剪接
2 張

C
F

肩襠剪接
1 張

C
B

縫份
1.5cm

C
F

2 張

1 張

C
B

袖口 2 張

拉伸　　　　　拉伸

F

袖子
2 張

B

袖子
2 張

C
B

2 張

4 張

CF　　　下襬 1 張　　　CB

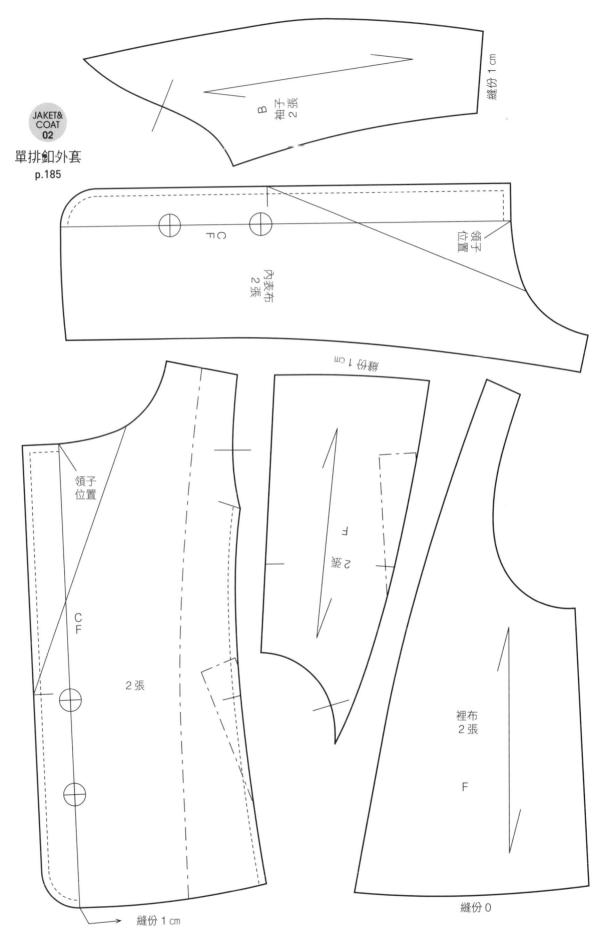

JAKET&
COAT
02

單排釦外套
p.185

B
袖子
2張

縫份 1 cm

C
F

內表布
2張

領子
位置

縫份 1 cm

領子
位置

F
2張

C
F

2張

裡布
2張

F

縫份 1 cm

縫份 0

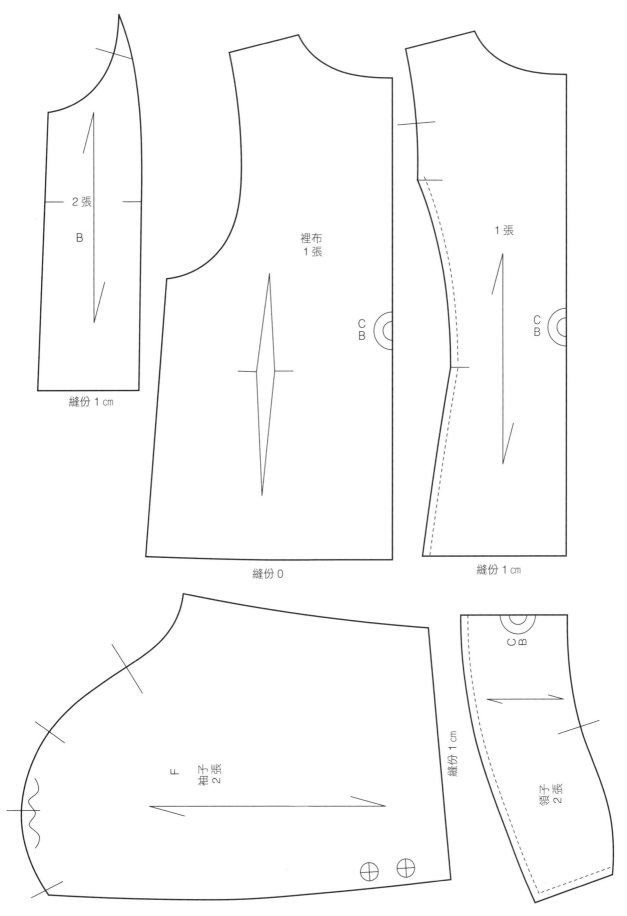

2 張
B

縫份 1 cm

裡布
1 張

C
B

縫份 0

1 張

C
B

縫份 1 cm

F
袖子
2 張

縫份 1 cm

C
B

領子
2 張

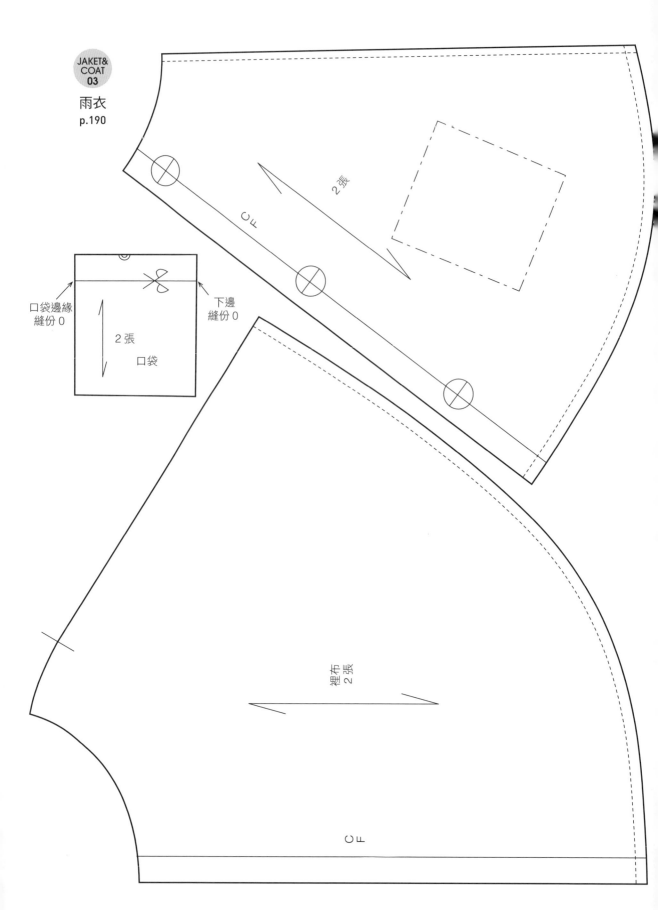

口袋邊緣
縫份 0

下邊
縫份 0

2 張

口袋

2 張

C F

裡布
2 張

C F

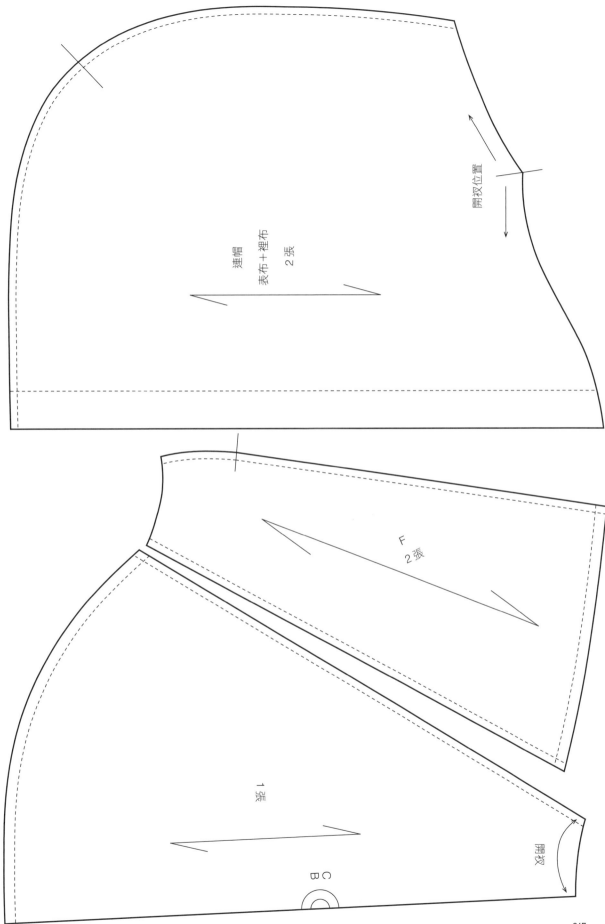

連帽
表布＋裡布
2 張

開衩位置

F
2 張

1 張

開衩

C
B

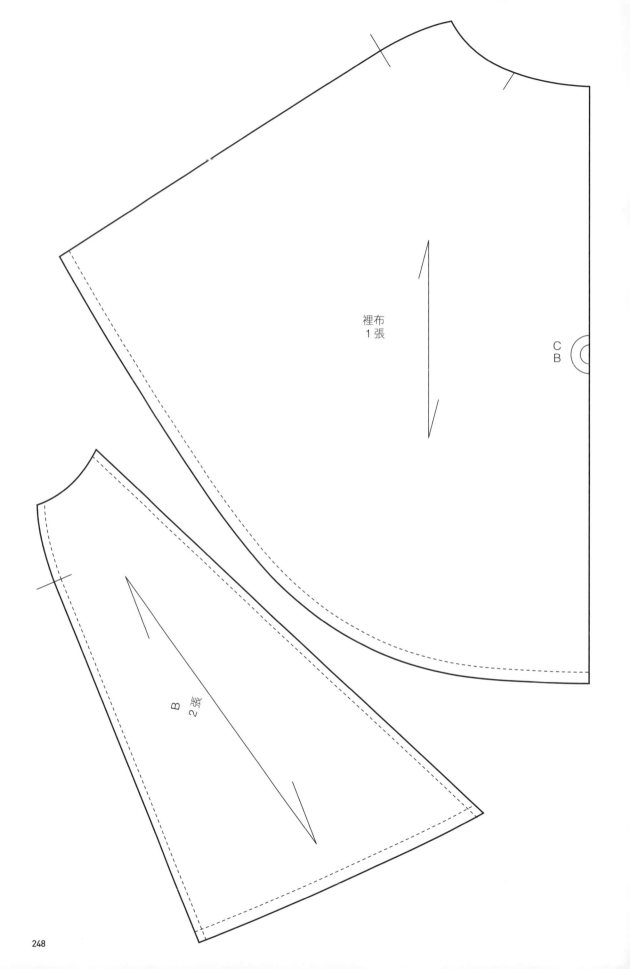

裡布
1張

C
B

B
2張

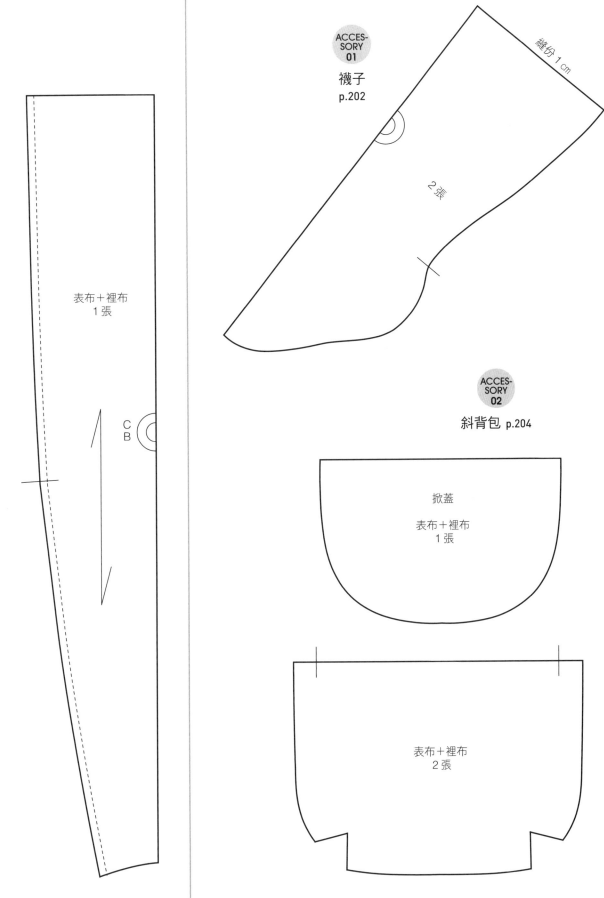

ACCESSORY
01

襪子
p.202

縫份 1 cm

2 張

ACCESSORY
02

斜背包 p.204

掀蓋

表布＋裡布
1 張

表布＋裡布
1 張

C
B

表布＋裡布
2 張

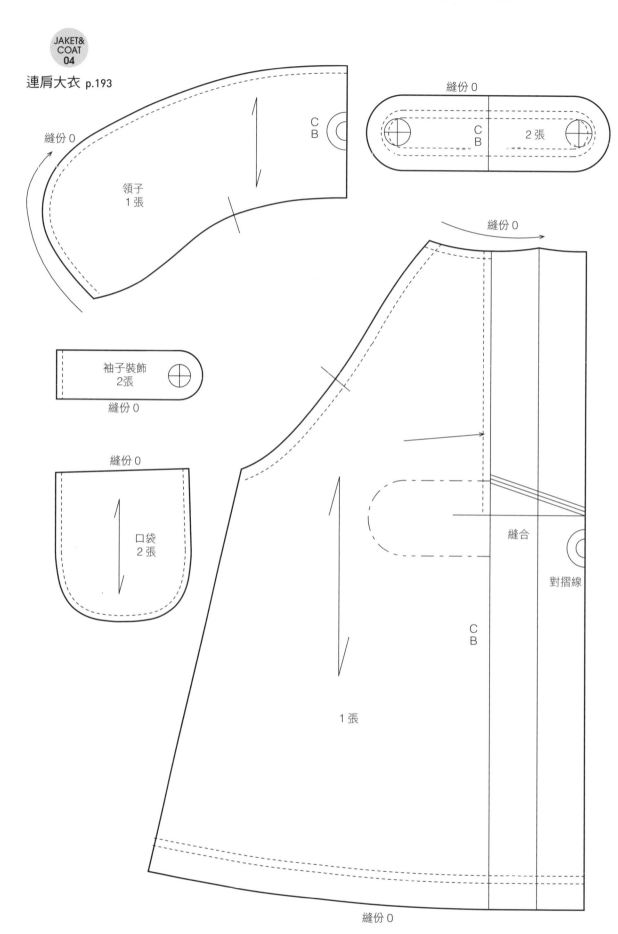

縫份 0

領子
1 張

縫份 0

縫份 0

C
B

2 張

縫份 0

袖子裝飾
2 張

縫份 0

縫份 0

口袋
2 張

縫合

對摺線

C
B

C
B

1 張

縫份 0

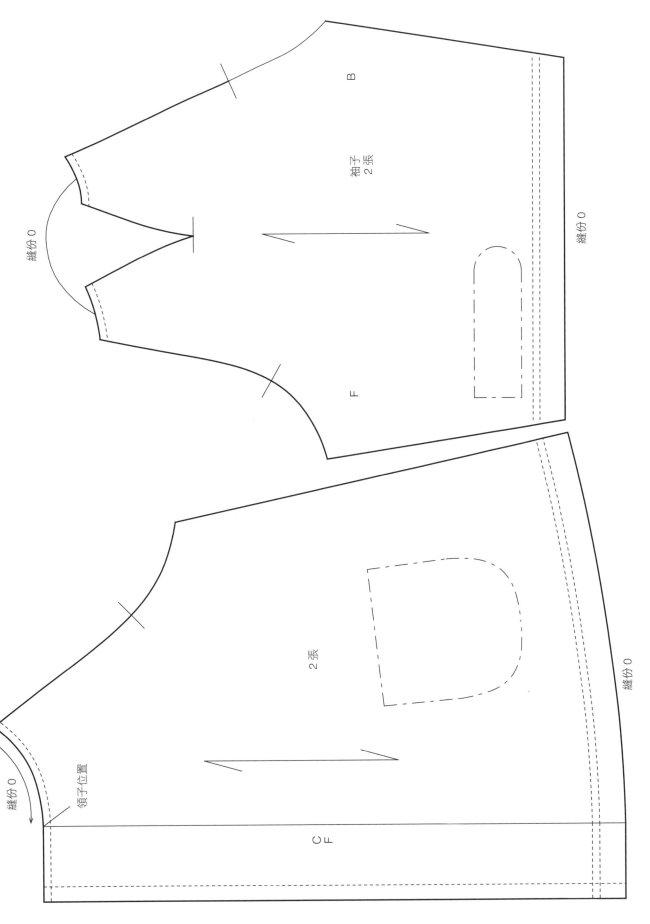

縫份 0

縫份 0

B

袖子
2張

F

縫份 0

2張

領子位置

縫份 0

縫份 0

C
F

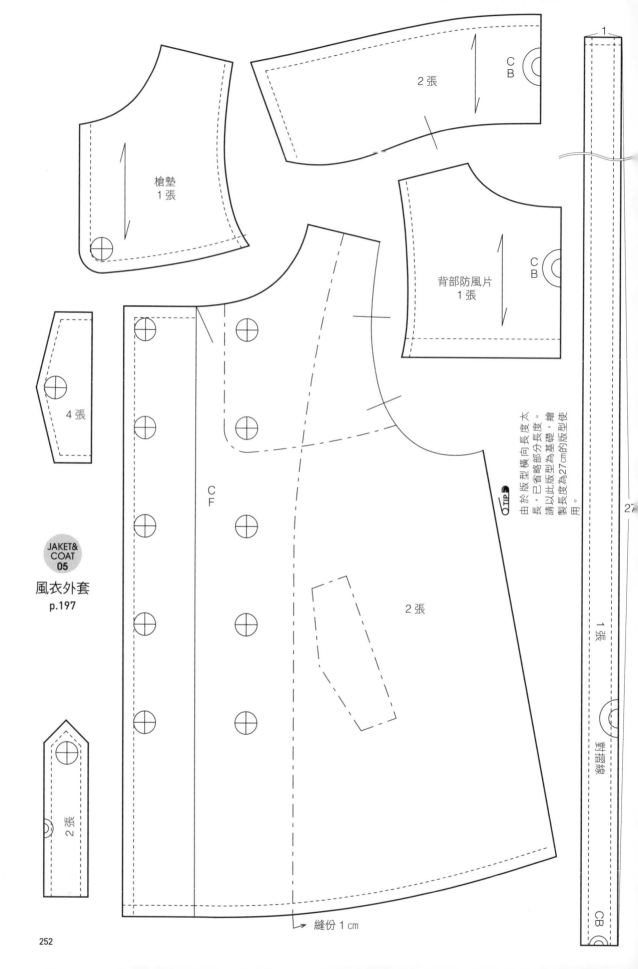

槍墊
1 張

背部防風片
1 張

C
B

C
B

4 張

C
F

JAKET&
COAT
05

風衣外套
p.197

2 張

2 張

1

27

1 張

對摺線

CB

縫份 1 cm

由於版型橫向長度太長，已省略部分長度。請以此版型為基礎，繪製長度為27cm的版型使用。

TIP

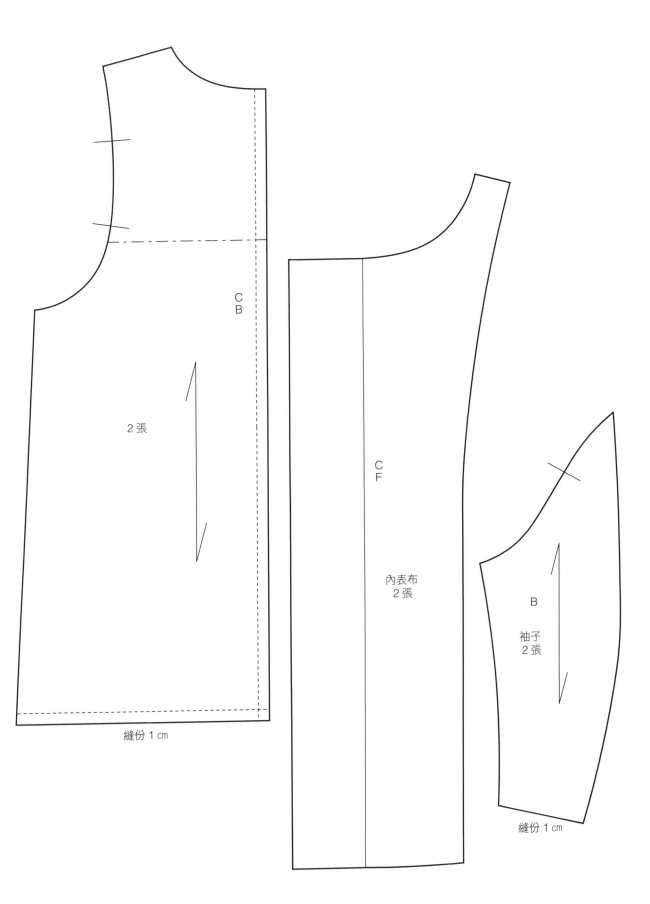

CB

2 張

縫份 1 ㎝

CF

內表布
2 張

B

袖子
2 張

縫份 1 ㎝

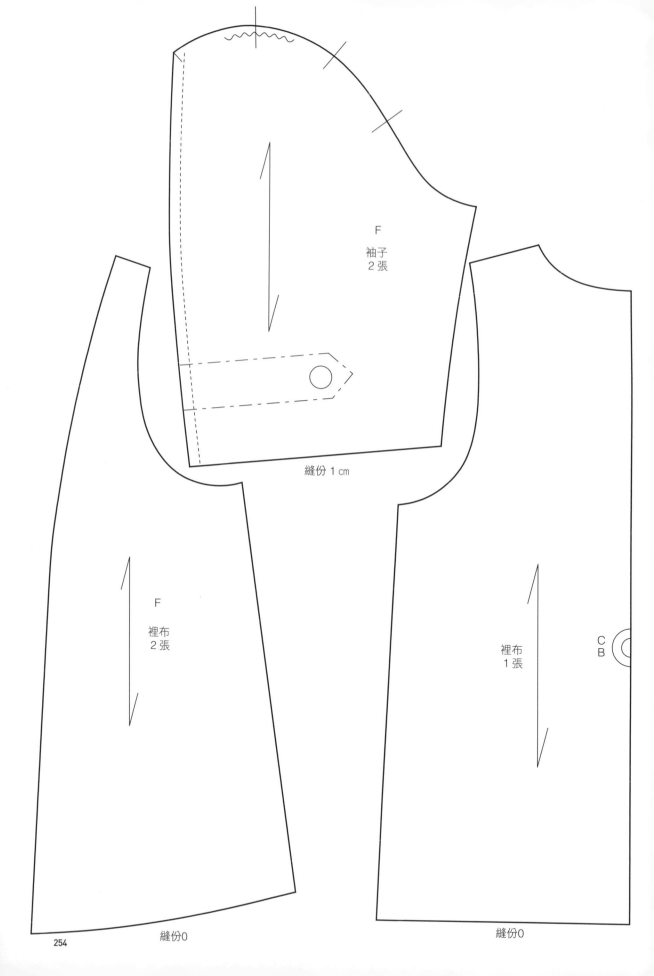

F
袖子
2 張

縫份 1 ㎝

F
裡布
2 張

裡布
1 張

C
B

縫份0

縫份0

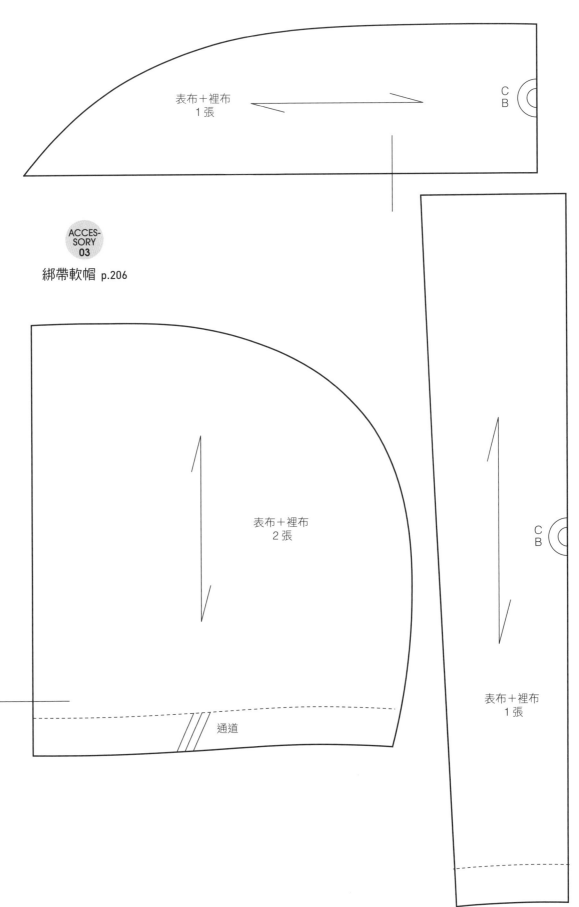

表布＋裡布
1 張

C
B

ACCES-
SORY
03

綁帶軟帽 p.206

表布＋裡布
2 張

C
B

表布＋裡布
1 張

通道

國家圖書館出版品預行編目（CIP）資料

服裝打版師善英的娃娃服裝打版課 / 俞善英著；
陳采宜翻. -- 新北市：北星圖書, 2018.07
　面；　公分
ISBN 978-986-6399-90-9（平裝）

1.洋娃娃　2.手工藝

426.78　　　　　　　　　　　　　107007808

服裝打版師 善英的
娃娃服裝打版課

作　　　者	俞善英
翻　　　譯	陳采宜
發 行 人	陳偉祥
發　　　行	北星圖書事業股份有限公司
地　　　址	234 新北市永和區中正路 458 號 B1
電　　　話	886-2-29229000
傳　　　真	886-2-29229041
網　　　址	www.nsbooks.com.tw
E-MAIL	nsbook@nsbooks.com.tw
劃撥帳戶	北星文化事業有限公司
劃撥帳號	50042987
製版印刷	皇甫彩藝印刷股份有限公司
出 版 日	2018 年 7 月
I S B N	978-986-6399-90-9（平裝）
定　　　價	650 元

如有缺頁或裝訂錯誤，請寄回更換